はじめての Play Framework
プレイ　フレームワーク

Web Framework
For Java and Scala

はじめに

「Play Framework」は最初のリリースが2007年と、「Javaフレームワーク」の中でも新しいプロジェクトです。

「Scala」とビルドツール「sbt」を用いた動作、「非同期マルチスレッド」への対応、「依存性の注入」「制御の反転」のような大規模フレームワーク用の「デザイン・パターン」の使用など、多くの高度な技術を用います。

*

しかし、初めてこのフレームワークを用いる人にも、困難を感じさせません。

基本的な「Javaフレームワーク」を用いたことがあれば、すぐに書き方を理解できるでしょう。

「Play Framework」は「Java」でもプログラミングできます。ただし、一部には「Scala」を書かなければならないので、本書ではすべて「Scala」で書くことにします。

この「Scala」は初めての方も多いと思いますが、「Scala」自体は「Java」よりむしろ「簡単」です。

もし難しいと思えるようなら、フレームワークのAPIが「新奇」に思えるためです。

*

本書では目的の機能を実現するために最低限必要なコードを少しずつ書いていきますから、混乱することはないはずです。

「Play Framework」のコードの美しさを味わいつつ、近年のWebアプリケーションにどんなことが求められており、それにフレームワークにがどう応えているかを学び取りましょう。

清水　美樹

はじめての Play Framework

CONTENTS

本書の動作環境

本書は「Windows10、JDK8u172および10.0.2、SBT-1.2.1, Play Framework2.6.18」で動作を確認しています。

「JDK9」から、「Java」の構造とアップデート方法が大きく変わっています。
JDKのバージョンがPlay Frameworkの想定より新しすぎると一時的にうまく動かないことがあるかもしれません。

しかし、じきに対応するはずですので、「SBT」と「Play Framework」のアップデートを注視していてください。

「サンプル・プログラム」のダウンロード

本書の「サンプル・プログラム」は、工学社ホームページのサポートコーナーからダウンロードできます。

<工学社ホームページ>

http://www.kohgakusha.co.jp/support.html

ダウンロードしたファイルを解凍するには、下記のパスワードを入力してください。

kZFB85G2MC8u

すべて「半角」で、「大文字」「小文字」を間違えないように入力してください。

第1章

次世代のWebフレームワーク「Play Framework」

「JavaのWebアプリケーション」の歴史は長いですが、「Play Framework」は、新しく登場した、「新しい時代のWebフレームワーク」です。

どこが新しいのか、どんな利点があるかを解説します。

また、「最初のWebアプリケーション」を起動させるまでを実践します。

The High Velocity
Web Framework
For Java and Scala

1-1 「Play Framework」で学べる、「新時代のWebアプリ」

■「新時代のWebアプリ」とは

「Play Framework」は、「新時代のWebアプリ」を作ることができる、「Webフレームワーク」です。

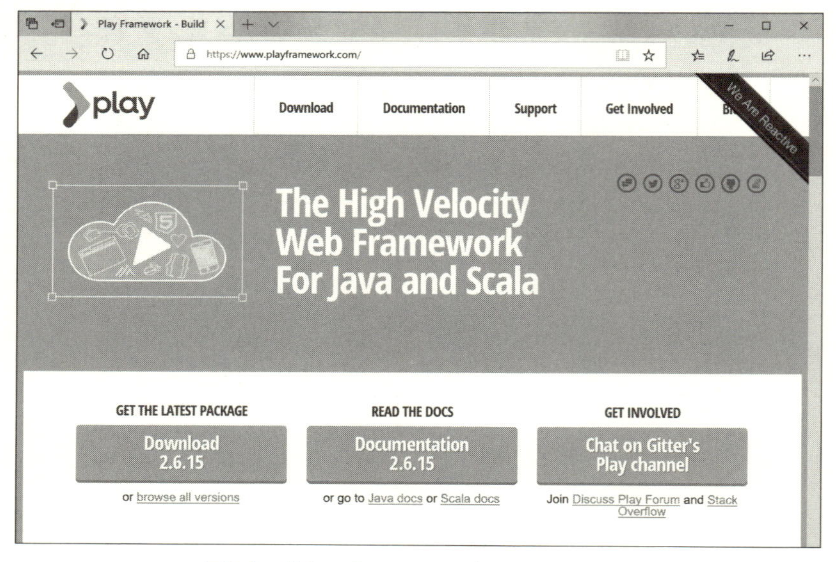

図1-1 「Play Framework」のホームページ
https://www.playframework.com/

1990年代後半に「Webブラウザ」が普及してから、すでに20年以上が経ちます。そのような長い歴史を歩んできた「Webアプリ」において、「新時代の」とはどんな特徴をもつのでしょうか。

●REST対応

「REST」は、「Webブラウザ」と「サーバ」の「通信様式」における考え方です。

まだ一律に標準化はされていないため、「バージョン番号」や「公式開発者」「ホームページ」などはありませんが、「HTTP通信仕様」を元にしているので、「Web」にかかわる多くのソフトで考え方を共有しています。

具体的には、「Webブラウザからサーバに送るメッセージ」と「サーバからブラウザに送るメッセージ」を、「ブラウザ」「サーバ」「アプリケーション」の種類にかかわらず共通にすることです。

そうすれば、「通信相手」がどのような仕組みで「動作」するかを考慮する必要がなく、必要な処理を示すメッセージを送りさえすればいいことになります。

●非同期(ノン・ブロッキング)

「同期」とは、

「クライアント」と「サーバ」が連絡を取り合いながら動作する

ことで、主に「クライアント」(「Webブラウザ」の画面を動かすプログラムのこと)が、「サーバ」から応答がくるのを待ってから、次の命令を読み込むことを表わします。

待っている間は、「ブラウザ側」では何の動作もできません。

そこで、「クライアント」が「サーバからの応答がきたら○×の動作をする」という、「次の動作までを含む命令」を読み込んでしまえば、「次の命令」を読み込んでいくことができます(これが「非同期」です)。

しかし、「非同期」という言葉が分かりにくいため、最近では「ノンブロッキング」(ブロックしない、操作を中断させない)という言い方もします。

「非同期」の「プログラム」では、「次の動作」を「関数」で表わすので、「関数」を上手に表わせる言語が、「非同期プログラミング」に適しています。

●JSON

「JSON」(ジェイソン)とは、「JavaScriptのオブジェクト」として扱える形式の、文字列です。

「JavaScript」を直接書かなくても、他の言語で、それぞれ「JSONデータをオブジェクトに変換」したり、「その逆の処理」をする手段が備わるようになっています。

最近「Webアプリ」として人気の高い、「メッセージ」や「ブログ」「タグ付け」を伴うデータ、などの扱いに向いています。

■「Play Framework」の特徴

「Play Framework」は、上記のようなWebアプリを実現するための特徴を多くもっています。

*

その例を、以下に示します。

①軽量で、構造が簡単

「Play Framework」は軽量です。

「インストーラ」のようなものはなく、提供元から「プロジェクト・フォルダ」をダウンロードしてくれば、アプリケーションが作れます。

また、「どのフォルダ内に、何のファイルを作ればいいか」という構造が、ハッキリしています。

とりわけ、(a)ブラウザからページを呼び出す「URL」と、(b)プログラムの動作とが、「REST」に基づいて結びついています(**第2、6章**で、この構造を学びます)。

②「Scala」で書かれている

「**Play Framework**」は「Javaで動くWebフレームワーク」ですが、「フレームワークの骨子」は、「**Scala**」で書かれています。

「**Scala**」は、「コンパイルしてJavaのクラスになる」ように作られた言語で、「Javaの長所を生かし短所を補う」ように作られています。

とりわけ、「非同期プログラミング」で用いる「関数」を簡単に書ける強みがあります。

*

Javaで書くこともできますが、「Scala」で書いたほうがコード量も圧倒的に少なく、また一部は、結局「Scala」で書かなければならないため、本書では「Scala」を用いてコードを書きます。

しかし、基本的な記法にとどめ、Javaと大きく異なる記法については、そのつど解説します。

第3章で、実際にコードを書いてみましょう。

③ページを記述する「Twirlテンプレート」

「Play Framework」は、「Webページに表示するためのHTML」に、「Scalaコード」を書き込むことができます。

この方式を「Twirlテンプレート」と呼び、**第4章**で詳しく学びます。

④非同期を扱う「Akka ツールキット」

「ライブラリ」にも、「Scala」で書かれた他のプロジェクトを採用しています。

その最も重要な「ライブラリ」が、「非同期処理」を扱う、「Akkaツールキット」です。

本書第7章で、「Play Framework」における「**Akka**」の働きを見ることができます。

⑤ビルドツール「SBT」

「Play Framework」で「ソース・コード」を「ビルド」して「内部サーバ」を実行するには、「SBT」という「コマンド・ツール」を用います。

この「SBT」も「Scala」で書かれています。

ただし、本書で実践する「SBT」の操作には、「Scala」の知識は必要ありません。

*

では、次節でさっそく、「Play Frameworkのプロジェクト」を「セットアップ」して、「起動」してみましょう。

1-2 「Play Framework」の「セットアップ」と「起動」

■ 必要なソフト

●JDK

本書で利用する「Play Framework2.6」は、JDK8以降で動作します。「Play Framework」のバージョンが古いと、新しいバージョンのJDKで動作しないことがありますので、、「Play Frameworkのホームページ」で最新の情報を確認してください。

「Java」の「ダウンロードサイト」は、以下のURLです。

＜Javaのダウンロードサイト＞

http://www.oracle.com/technetwork/java/javase/downloads/index.html

●SBT

「Play Framework」は、「SBT」という「パッケージ管理」や「プロジェクトの実行」を自動で行うツールを用います。

「Scala」のインストールも、「SBT」で一緒にできます。

＊

「SBT」は、ホームページにある「Download」ボタンから、インストーラのダウンロードサイトに行って入手します。

図1-2 「SBT」のホームページ

https://www.scala-sbt.org/

■「Play Framework」のプロジェクト

●「シード・プロジェクト」をダウンロード

「Play Framework」では、「プロジェクト」というフォルダを単位に、1つのアプリケーションを開発します。

「プロジェクト・フォルダ」には、「ソース・コード」を「ビルド」するための「ライブラリ」や「設定ファイル」「ソフトウェア」「実行のためのWebサーバ」などが入ります。

*

「Play Framework」では、いろいろな「サンプル・プロジェクト」を公開しています。

本書を通じて、最低限のWebアプリを動作させるためのファイルが入った「シード(seed, 種)・プロジェクト」を用いて解説します。

ただし、**第7章**では、それよりも高度な3つのサンプルが入った「スターター・プロジェクト」の内容も参考にします。

*

○サンプルをダウンロードするには、「Play Frameworkのホームページ」から、「Download」(ダウンロード)というナビゲーションや、**図1-3**のようなボタンをクリックして、「ダウンロードページ」に行きます。

GET THE LATEST PACKAGE
Download
2.6.15
or browse all versions

図1-3 「Play Framework」のホームページに見える「Download」ボタン

「ダウンロードページ」には、「スターター・プロジェクト」のほうが先に表示されています。

○その下のほうにある「Play Scala Starter Example」の、「Download(zip)」というリンクをクリックして、ダウンロードしてください。

Play 2.6.x Starter Projects

Play Java Starter Example	Download (zip)	View on GitHub
Play Scala Starter Example	Download (zip)	View on GitHub

図1-4 「スターター・プロジェクト」をダウンロード

○そこからさらにページを下にスクロールすると、「シード・プロジェクト」の「ダウンロード・ボタン」が表示されます。

上のほうにある、「Play Scala Seed」の「Download Project」のボタンを押してください。

Play Scala Seed

```
sbt new playframework/play-scala-seed.g8
```

Download directly:

Project Name: play-scala-seed [Download Project]

Play Java Seed

```
sbt new playframework/play-java-seed.g8
```

Download directly:

Project Name: play-java-seed [Download Project]

図1-5 「シード・プロジェクト」のダウンロード

※ダウンロードページのデザインは本書執筆時のものです。

○ダウンロードした「ZIP ファイル」を展開すると、ファイル名から拡張子「.zip」を除いた名前のフォルダが出来ます。

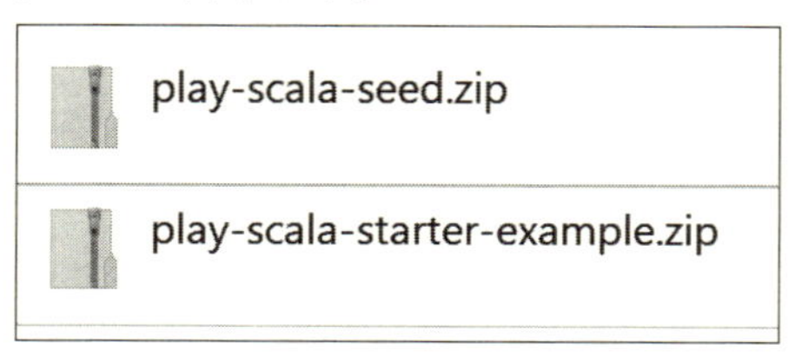

図1-6 ダウンロードされた2つの「ZIPファイル」

●プロジェクトの最初の実行

「コマンド・プロンプト」や、「Windows Power Shell」のような「コマンド・ウィンドウ」を開き、「cd」コマンドで、「プロジェクト・フォルダ」(play-scala-seed)の中に移動してください。

Windows10では、(1)「エクスプローラ」でマウスを使って「プロジェクト・フォルダ」を開き、(2)**図1-7**のように、そこからメニューの「Windows Power Shellを開く」を選ぶことによって、「該当するフォルダ」に移動ずみの状態で、「コマンド・ウィンドウ」を開くことができます。

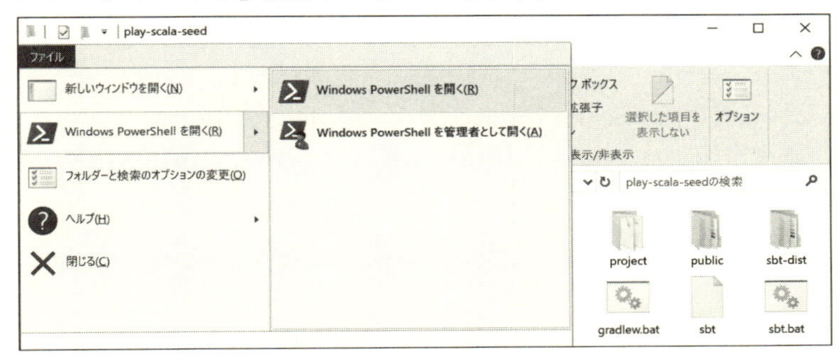

図1-7 「Windows Power Shell」をフォルダから開く

「コマンド・ウィンドウ」を開いたら、**リスト1-1**のように、「プロジェクト」を「サーバ」で実行するコマンドを打ちます。

【リスト1-1】プロジェクトを「サーバ」で実行

```
sbt run
```

※ **リスト1-1**の命令では、「サーバ」が起動するためのライブラリが足りなければダウンロードしてくるので、時間がかかります。

また、Javaのバージョンによっては、いろいろと「警告」が表示されるので、長い応答になります。

●「ブラウザ」で「ページ」を開く

図1-8のように、サーバが起動した」いうメッセージが表示されます。

```
--- (Running the application, auto-reloading is enabled) ---
[info] p.c.s.AkkaHttpServer - Listening for HTTP on /0:0:0:0:0:0:0:0:9000
(Server started, use Enter to stop and go back to the console...)
```

図1-8 「サーバ」が起動したというメッセージ

＊

その後、次のURLをブラウザで開いてみましょう。

```
http://localhost:9000
```

すると、ここから「Scalaソースをコンパイルして Javaのクラスファイルにする」処理が始まります。

＊

これから本書で「ソース・コード」を書いていくときには、ここが難関です。
「ソース・コード」にエラーがあると、ここで起動が中止されるからです。
もちろん、いまの場合は、「記入ずみ」の「サンプル」なので、「エラー」は出ないはずです。

```
[info] Compiling 7 Scala sources and 1 Java source to C:¥Users¥Supportdoc¥dev¥playframework¥play-scala-seed¥target¥scala
-2.12¥classes ...
[info] Non-compiled module 'compiler-bridge_2.12' for Scala 2.12.6. Compiling...
[info]   Compilation completed in 8.816s.
[info] Done compiling.
```

図1-9 「コンパイル成功」のメッセージ

ブラウザには「Welcome to Play!」(Playへようこそ)と表示されます。
これで、最初のアプリの起動が成功しました。

図1-10 最初のアプリの表示成功

＊

次章では、このような「Play Framework」の「動く仕組み」を確認します。

第2章

「Play Framework」の基本

「シード・プロジェクト」では、「最も簡単なアプリケーション」が1つ動くように、「ファイルの配置や設定」が行なわれています。

これら「初期の構造」を確認し、「Play Framework」が動く、基本的な「仕組み」を解説します。

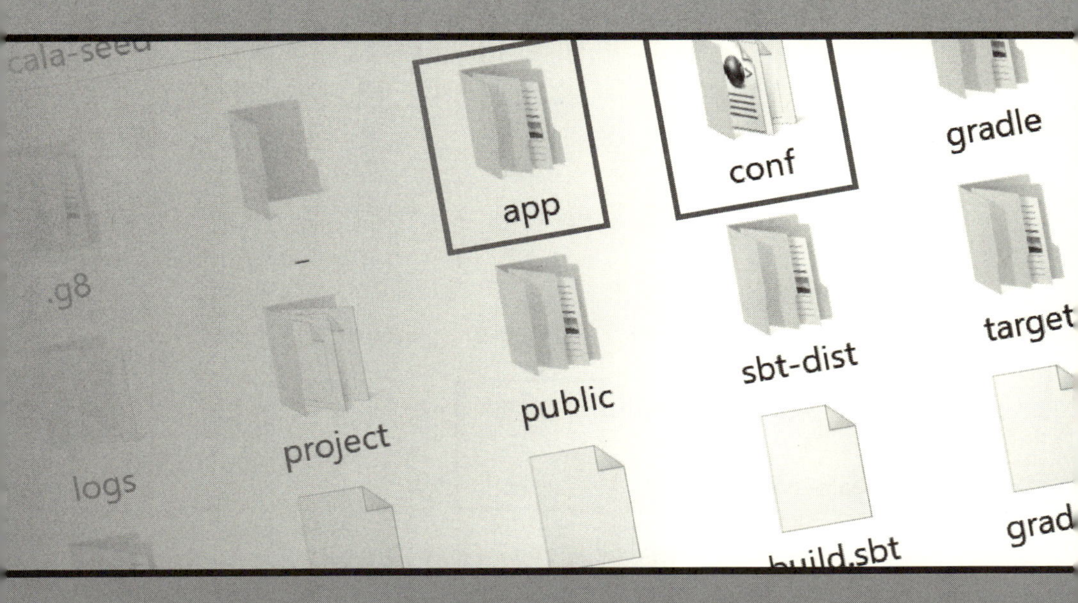

2-1 プロジェクトの構造

■主に使う「フォルダ」や「ファイル」

●よく使う「フォルダ」

ビルドした「play-scala-seed」フォルダを開き、中身を見てみましょう。

＊

本書では、「ソース・ファイル」にコードを書き、ビルドして動作を確認します。

そこでよく使うのが、

①「ソース・ファイル」の置き場所「app」
②ビルドのためのスクリプトファイル「sbt.bat」
（他のOSでは、隣にある「sbt」というファイル）
③設定ファイルのあるフォルダ「conf」

です。

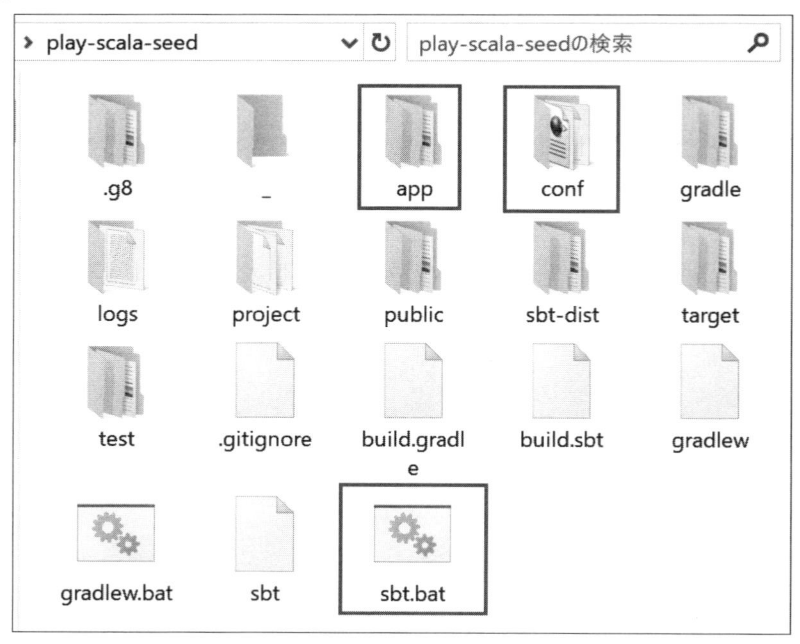

図2-1　本書で主に使う「ファイル」や「フォルダ」

また、

④全体のレイアウトを記述するファイルや画像などの「リソース」を置くフォルダ「public」

⑤ビルド生成物が置かれる「target」フォルダ

なども覚えておいてください。

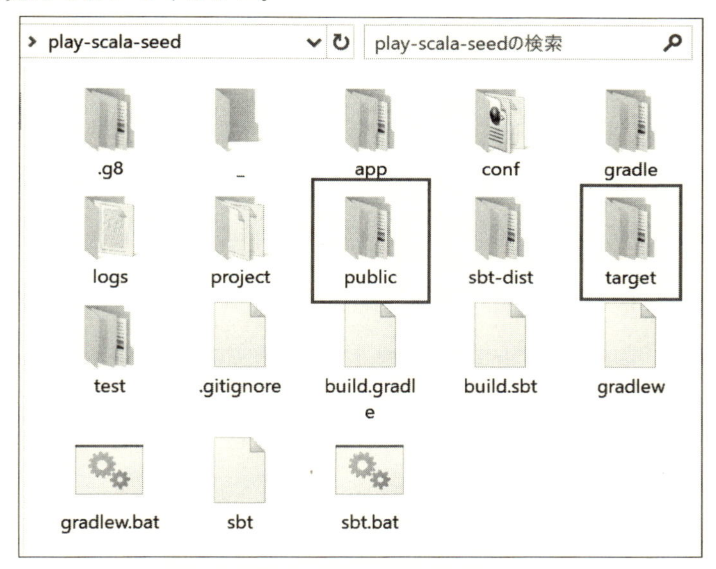

図2-2　覚えておくと役に立つフォルダ

■「app」フォルダ

●「controllers」と「views」

「app」フォルダの中には、「controllers」と「views」という２つのフォルダが作られています。

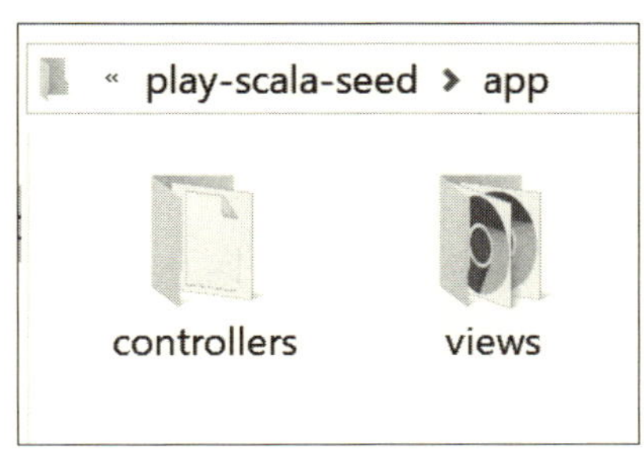

図2-3　「app」フォルダの中身

「controllers」フォルダには、アプリの動作を記述する「Scala」の「ソース・ファイル」が置かれます。

図2-4 「controllers」フォルダの中身

「views」フォルダには、アプリの表示を記述するファイルが置かれますが、「HTMLファイル」に、「Scala」コードを埋め込む「scala.html」という二重の拡張子がついたファイルになります。
(みなさんが用いている「標準Webブラウザ」のアイコンで表示されます)。

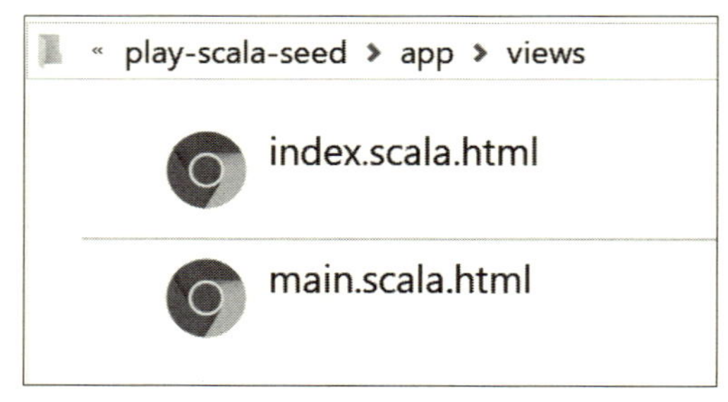

図2-5 「views」フォルダの中身

■「conf」フォルダ

●「routes」ファイル

「conf」フォルダの中で用いるのは、「routes」というファイルです。

これは、(a) ブラウザで開く「Webページのurl」と、(b) 実際に動作するプログラムとを結びつける、「ルーティング」の設定を行なうファイルです。

図2-6　「conf」フォルダの中身

2-2　ルーティング

■ルーティング

最初に、「ルーティング」の仕組みを知るため、「conf/routes」ファイルを開いてみましょう。

以後、単に「routesファイル」と呼びます。

＊

※　ファイルの記述のうち、**「#」**で始まる記述は「コメント」であり、ファイルの書き方についての説明が書いてあります。
アプリの動作には影響を及ぼしません。

●いちばん重要な記述

リスト2-1に書いてある内容に注目してください。

【リスト2-1】とりあえず、いちばん重要な内容

```
GET     /           controllers.HomeController.index
```

*

リスト2-1には、3つの項目が結び付けられています。

(1)GET

「クライアント」が、「サーバ」に「GET」というメッセージを出すことを示す。

このメッセージは、HTTP通信仕様では「要求」(リクエスト)と呼ばれます。

「GET要求」は、Webブラウザの「アドレス欄」に、「見たいページのアドレス」を入力したとき、自動で「サーバ」に出されます。

(2)/

「ここで何のアドレスを入力するか」というのが、「/」。

これは、「http://localhost:9000」のことを意味します。

(3)controllers.HomeController.index

ブラウザの「アドレス欄」に「http://localhost:9000」と入力したとき、「controllers」フォルダにある「HomeController」クラスのメソッド「index」が呼ばれます。

*

以上が、**リスト2-1**の内容です。

「クライアント」から「サーバ」に送る要求の種類と、ブラウザのアドレス、そしてプログラムのメソッドを結びつけるのが、「ルーティング」です。

2-3 コントローラ

■コントローラというクラス

●「コントローラ・クラス」の定義

呼び出されるメソッドは、どこに書いてあるのでしょうか。

図2-3のファイル「HomeController.scala」を、「テキスト・エディタ」で開いてみましょう。

＊

「Scala」では、「複数行コメント」で、ファイルに書かれたコードの説明が挿入されています。

【リスト2-2】複数行コメント

```
/**
*複数行のコメントで
*説明が書かれている
*/
```

「コメント」の部分を除外すると、**リスト2-3**が「HomeController.scala」の全文です。

【リスト2-3】「HomeController.scala」の全文

```
package controllers

import javax.inject._
import play.api._
import play.api.mvc._


@Singleton
class HomeController @Inject()(cc: ControllerComponents)
 extends AbstractController(cc) {

  def index() = Action { implicit request: Request[AnyContent] =>
    Ok(views.html.index())
  }
}
```

＊

このように、フォルダ「controllers」に置かれ、パッケージ名「controllers」のクラスとして呼ばれ、クラス名にも「Controller」という名前がつく「Scala」プログラムは、「コントローラ」と総称されます。

■アクションを記述するメソッド

●indexメソッド

コードの詳しいことはあとで検討することにして、まず「ファイルroutesで呼ばれているindexメソッドはどれか」を**リスト2-3**から抜き出してみましょう。

＊

次の部分になります。

【リスト2-4】indexメソッド

```
def index() = Action { implicit request: Request[AnyContent] =>
  Ok(views.html.index())
}
```

「Scala」では、メソッドを「def」で定義します。

また、簡単な式1つで「戻り値」が得られる場合には、「ブロックを囲む波括弧」を用いずに、**リスト2-5**のように「代入式」で表わします。

【リスト2-5】簡単な式ひとつで戻り値が得られる場合

```
def index() =   式の結果
```

●「Action」オブジェクト

「index」メソッドで得られる「戻り値」は、「Action」という「データ型のオブジェクト」です。

＊

以下の**リスト2-6**のように書いてあるのは、「return」が省略されていて、この「オブジェクト」が「戻り値」になります。

【リスト2-6】「オブジェクト」が「戻り値」になる

```
def index() = Action(初期化の引数)
```

※「Scala」の「データ型」には「クラス」や、「Java」の「インターフェイス」にあたる「トレイト」がありますが、「Play Framework」の仕組みを理解するためには詳しい用語は必要ないので、省略します。

しかし、「Action」オブジェクトの初期化の引数は、「**無名関数**」です。

「関数」は「波括弧」で囲むので、「引数」に「関数」を1つだけ含むとき、「中括弧」は省略できます。

■「アクション」に渡す「関数」

●無名関数

「Scala」では**リスト2-7**のような形で、「戻り値を与える無名関数」を書くことができます。

式の結果が戻り値になります。

【リスト2-7】「Scala」の「無名関数」の書き方

```
{x: データ型=>xを使った式}
```

リスト2-4で「Action」オブジェクトに渡された「無名関数」は、**リスト2-8**の通りです。

【リスト2-8】「Action」オブジェクトに渡された無名関数

```
{ implicit request: Request[AnyContent] =>
  Ok(views.html.index())
}
```

この「無名関数」の**引数名**は、「**request**」です。

しかし、「関数」の「戻り値」を与える式には、その「引数」が用いられていません。

「request」の内容にかかわらず、同じ値を返します。

●「サーバ」への要求を表わすオブジェクト

引数「request」には、「暗黙」を示す「implicit」という修飾語がついています。

リスト2-8の関数の中で、「暗黙の引数」として渡せるようにするためです。

この関数の「戻り値」である「Ok」という名前のオブジェクトにも、引数「request」が渡されているのですが、「implicit」のおかげで、書かなくてもいいことになっています。

*

「Ok」オブジェクトは、「サーバ」からブラウザへの応答です。

要求が正常に受け付けられたことを表わす「OK」(数値「200」を表わす)から始まって、さまざまな通信情報を表わす「ヘッダ」、実際に表示されるHTML文などの「ボディ」をすべてまとめた、「オブジェクト」です。

【リスト2-9】「Ok」というオブジェクト

```
Ok(views.html.index())
```

「OK」と「大文字」で書くと、上記の数値「200」を表わす定数になります。

そのため、「k」は「小文字」で書くように、注意が必要です。

●「コントローラ」から「テンプレート」へ

リスト2-9に書かれている「Ok」の引数は、ファイル名「index.scala.html」の内容を表わすらしいと見当はつきます。しかし、ファイル名そのものではありません。

「Play Framework」では、「views」フォルダに「index.scala.html」というファイルを作ると、内部で「views.html.Application.index」というクラスが自動作成されます。

*

「views.html.index()」という書き方は、このクラスのオブジェクトを呼ぶための簡便的な書き方です。

このようなファイルの役割を、「テンプレート」と呼びます。

そこで、「index.scala.html」の内容を「テンプレートindex」と呼ぶことにします。

この内容は、あとで見ていきましょう。

*

結論として、メソッド「index」の意味は、

> ブラウザからどんな要求が送られてきても、それを「受信成功」とし、「テンプレートindex」の内容を返す

ということになります。

*

では、その「index」の内容はどうなっているのかを見ていきましょう。

2-4　テンプレート

■テンプレート「index」

●「index.scala.html」の全文

図2-5で、フォルダ「views」の下に、「index.scala.html」というファイルが存在するのを確認しました。

その内容を、まず見てみましょう。

*

リスト2-10が、その全文です。

【リスト2-10】「index.scala.html」全文

```
@()

@main("Welcome to Play") {
  <h1>Welcome to Play!</h1>
}
```

「@」は、「関数」や「変数」など「Scalaで書かれたプログラム」であることを表わします。

「@」を「渦巻」(Twirl)に見立てて、この記法は「Twirlテンプレート」と名付けられています。

「Twirl」を無理にカタカナで書くと、「トゥワル」のような感じです。

●「コントローラ」から「値」を受け取る

テンプレート「index」の最初に書かれている**リスト2-11**は、このページを呼び出している「index」メソッドから「値」を受け取る場所です。

いまは渡すものがないので、あとで使ってみましょう。

【リスト2-11】メソッドから値を受け取るときに使う

```
@()
```

●他のテンプレートを呼び出す

次の「@main」は「関数」です。

「引数」は2つで、ひとつは「中括弧」に入っている文字列、もうひとつは「HTML文」を入れた「ブロック」です。

*

関数の引数らしく書くと、**リスト2-12**のようになります。

【リスト2-12】関数「main」

```
@main("Welcome to Play") {<h1>Welcome to Play!</h1>}
```

関数「main」は、**図2-5**に見えた、もう1つのファイル「main.scala.html」を、「テンプレート」として呼び出しています。

関数「main」の2つ目の引数が「ブロック」である理由は、複数行を書けるようにするためです。

2つの引数は、テンプレート「main」に渡されます。

■テンプレート「main」

●「main.scala.html」の全文

テンプレート「main」の中身を見てみましょう。

＊

ただし、**リスト2-13**のように「@*」で始まり「@*」で終わるのは「コメント」で、表示には影響を及ぼしません。

【リスト2-13】「Twirlスクリプト」での「コメント」

```
@* これがコメント*@
```

そこで、**リスト2-14**が「コメント」を除いた「main.scala.html」の全文です。

【リスト2-14】「main.scala.html」の全文(コメントを除く)

```
@(title: String)(content: Html)

<!DOCTYPE html>
<html lang="en">
<head>

  <title>@title</title>
  <link rel="stylesheet" media="screen" href="@routes.
Assets.versioned(
    "stylesheets/main.css")">
  <link rel="shortcut icon" type="image/png" href="@routes.
Assets.versioned(
    "images/favicon.png")">

</head>
  <body>

  @content

  <script src="@routes.Assets.versioned("javascripts/main.js")"
    type="text/javascript"></script>
  </body>
</html>
```

リスト2-14では、"「html」タグ"で完結している"HTML文"に、「@」で始まる「プログラム・コード」が埋め込まれています。

実は、前章の**図1-10**で見た画面は、**リスト2-14**の内容が表示されているのです。

その仕組みを、次に見ていきましょう。

●テンプレート「index」から渡す引数

テンプレート「main」が呼び出される仕組みは、以下の通りです。

＊

③の過程で値が渡されます。

---

①「routes」の設定によって、「/」というアドレスに、メソッド「HomeController.index」を呼び出す。
②メソッド「index」によって、テンプレート「index」を呼び出す。
③テンプレート「index」によって、さらに「main」を呼び出す。

＊

リスト2-14のいちばん上を見てください。

「index」のいちばん上に書いてある**リスト2-11**と同じ方式ですが、**リスト2-11**に何も渡されていないのに対し、こちらには**リスト2-15**のように引数が渡されています。

【リスト2-15】「main.「Scala」.html」の最初の行

```
@(title: String)(content: Html)
```

リスト2-15で渡されている引数は2つです。

ひとつは「**String（文字列）型**」で引数名が「**title**」、もうひとつは「Html」という「データ型」で、引数名は「content」です。

＊

リスト2-15を、**リスト2-12**の関数「main」で渡した引数と比べてみましょう。

「title」の内容が「"Welcome to Play"」で、「content」の内容が「<h1>Welcome to Play!</h1>」という「HTML文」だと分かります。

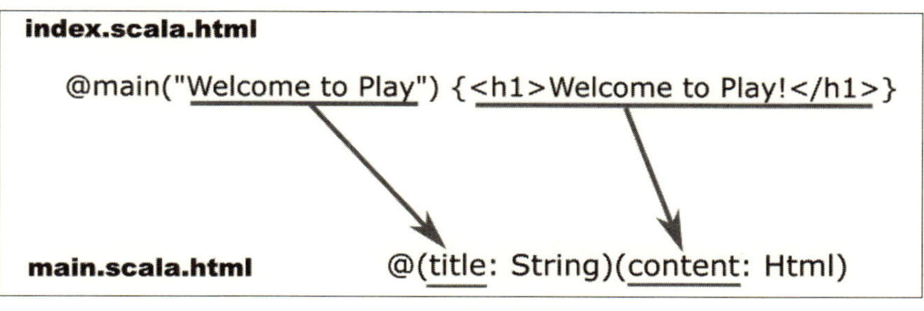

図2-7　「引数」のやり取り

●受け取った引数の値を使う

引数「title」が受け取った値は、**リスト2-16**のように、「HTML文」の「head」要素の、「ページ・タイトル」の指定箇所に書かれています。

【リスト2-16】引数「title」の値で、「ページタイトル」を記述

```
<head>

    <title>@title</title>
    ........

</head>
```

図1-10の「ページ・タイトル」が表示されている部分を確認してください。

図2-8のように書かれています。

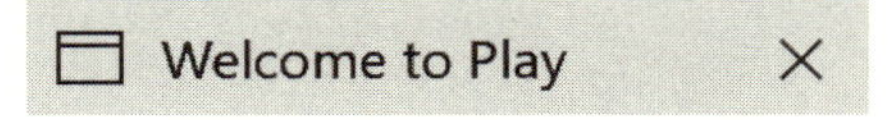

図2-8　変数「title」の内容が反映されている

値を渡された「content」は、**リスト2-17**のように「body」要素の中に置かれています。

「body」の実質的な内容は、引数「content」に渡された中身だけです。

【リスト2-17】「body」の内容は、引数「content」の中身だけ

```
<body>
    @content

    ........

</body>
```

■「コントローラ」から「アドレス」を参照

●「routes」を参照したリンク

テンプレート「main」に書かれた「@」で始まる表記には、「content」の他に、**リスト2-18**があります。

これは、「routes.Assets.versioned」という関数を表わしています。

先に示した、**リスト2-14**の中から確認してください。

【リスト2-18】「routes.Assets.versioned」という関数

```
@routes.Assets.versioned("stylesheets/main.css")
```

ここで、「routes.Assets.versioned」という呼び方をされているのは、ファイル「routes」の設定によります。

ファイルを開いて、**リスト2-19**の表記を探してください。

【リスト2-19】ファイル「routes」にある表記

```
GET     /assets/*file       controllers.Assets.versioned
(path="/public", file: Asset)
```

●引数で関係する「アドレス」と「メソッド」

リスト2-19では、**リスト2-20**が「ブラウザに入力して呼び出すアドレス」に相当します。

【リスト2-20】「ブラウザに入力して呼び出すアドレス」に相当

```
/assets/*file
```

リスト2-20で「呼ばれるメソッド」に相当するのが、**リスト2-21**です。

【リスト2-21】「呼ばれるメソッド」に相当

```
controllers.Assets.versioned(path="/public", file: Asset)
```

リスト2-20の中で、「file」についた「*」は、「*file」が変数(引数)であることを示します。

この内容が、**リスト2-21**の「file」に対応します。

*

引数「file」の「データ型」は、「Asset」です。

「asset」(アセット)とは、「画像」や「データ・ファイル」など「プログラムの動作ではない内容」が書かれたファイルの総称で、「フレームワーク」によっては「リソース」と呼ばれることもあります。

```
GET    /assets/*file    controllers.Assets.versioned(path="/public", file: Asset)
```

図2-9　引数「file」の対応関係

●「逆向き」の参照

実は、**リスト2-20**の関係が、「ブラウザでアドレスを指定したときに呼ばれるメソッド」という「向き」で使われることは、あまりありません。

逆に、「ファイルの中でメソッドを呼ぶと、該当するアドレス表記に置き換わる」という関係を示しています。

*

リスト2-21で、「controllers.Assets.versioned」は「メソッド」というより、「Play Framework」で決められている「ショートカット」のようなものです。

実際に「Assets」の名がついたフォルダや、「versioned」という名のメソッドを、私たちが編集することはありません。

しかし、「HomeControllerのメソッドindex」のように、「実際のメソッド名」から「それを呼び出すためのアドレス」を参照することは、これからも頻繁に出てくる、大事な参照関係です。

*

リスト2-18で、テンプレートの変数が「**routes**」で始まるのは、テンプレート「main」からファイル「routes」を参照して、**リスト2-19**の関係を読み取るからです。

この関係によって、**リスト2-18**は、「/assets/stylesheets/main.css」というアドレスに置き換わります。

＊

結果として、**リスト2-18**が書かれているタグ全体は、**リスト2-22**のように、「スタイルシート」への参照を示すことになります。

【リスト2-22】リスト2-18が書かれているタグ全体の表記

```
<link rel="stylesheet" media="screen" href="/assets/
stylesheets/main.css">
```

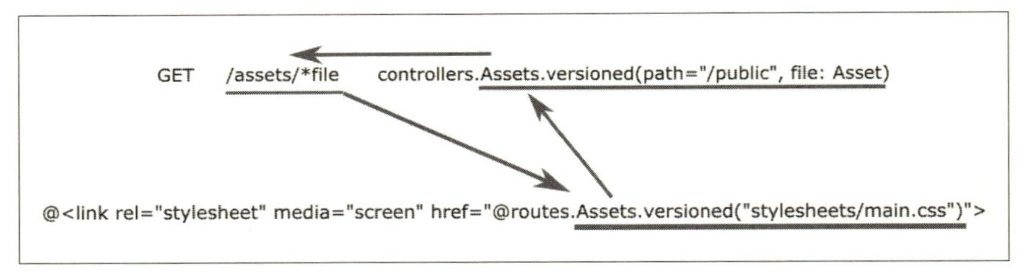

図2-10 テンプレート「main」から「routes」を参照

「routes」の同じ個所を参照するコードには、他に**リスト2-23**に示す2箇所があります。

それぞれ、テンプレート「main」上のどこに書かれているか、**リスト2-14**に戻って探してみてください。

【リスト2-23】リスト2-18と同様の参照

```
@routes.Assets.versioned("images/favicon.png")
@routes.Assets.versioned("javascripts/main.js")
```

■「アセット」と呼ばれるファイル

●JavaScriptも「静的」

リスト2-23において、上は「アイコン画像」ですが、下は「JavaScript」です。

「JavaScriptはプログラムじゃないのか」と思うかもしれませんが、「Play Framework」での「プログラム」とは、「Scala」か「Java」のことです。

「JavaScript」のファイルは、むしろ「JSONデータの保管」のような「静的ファイル」として使われる、と考えてください。

●「アセット」ファイルの置き場所

リスト2-21に、引数がもう1つあるのを確認してください。

「path」という引数名と、初期値として「"/public"」という文字列が与えられています。

これは、「アセット」ファイルが、プロジェクト上で「public」というフォルダの中にあることに関係します。

＊

フォルダ「public」内で、

「画像」は「**images**」
「JavaScript」は「**javascripts**」
「スタイルシート」は「**stylesheet**」

という**フォルダ**に、それぞれ分かれて収められています。

＊

ファイルの場所を確認してください。

ただし、2つのファイルには何も書かれていません。

必要ならば中身を書いて利用できるように、「参照先」だけ書いてあります。

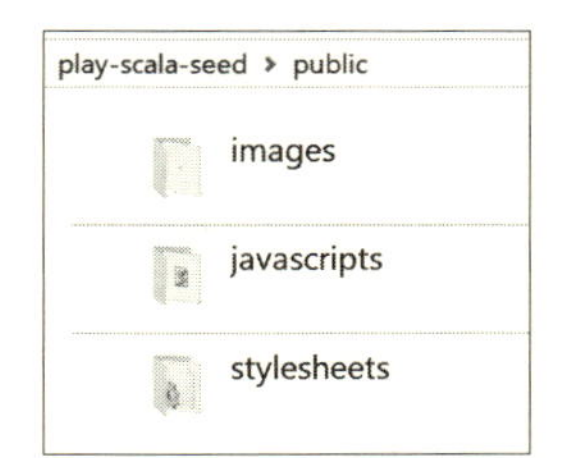

図2-11 「public」の下それぞれ「フォルダ」に分かれて入っている

2-5 編集して確認しよう

■テンプレートを編集

以上、「ブラウザにアドレスを入力」してから「画面表示」が得られるまで、の仕組みを説明しました。

では、確認の意味で、いまある「ファイル群」を少し編集して、どのように反映されるかを見てみましょう。

●「index.scala.html」を編集

最も簡単なのが、「テンプレート・ファイル」である**リスト2-9**の「index.scala.html」の編集です。

*

関数「main」の中で、英語で書かれている文字列を日本語に変更してみましょう。

リスト2-24のようにします。

【リスト2-24】関数「main」の変更

```
@main("はじめてのPlay Framework サンプル") {
  <h1>Play Frameworkのサンプル</h1>
}
```

●変更の反映

「Play Framework」では、ファイル内容を変更した結果を反映させるのに、「サーバ」を「再起動」する必要はありません。

ブラウザの「再読み込み」ボタンなどで、Webページの表示を更新すると、そのタイミングで「再コンパイル」されます。

*

ブラウザの表示が、**図2-12**のように「日本語」に切り替わるのを確認してください。

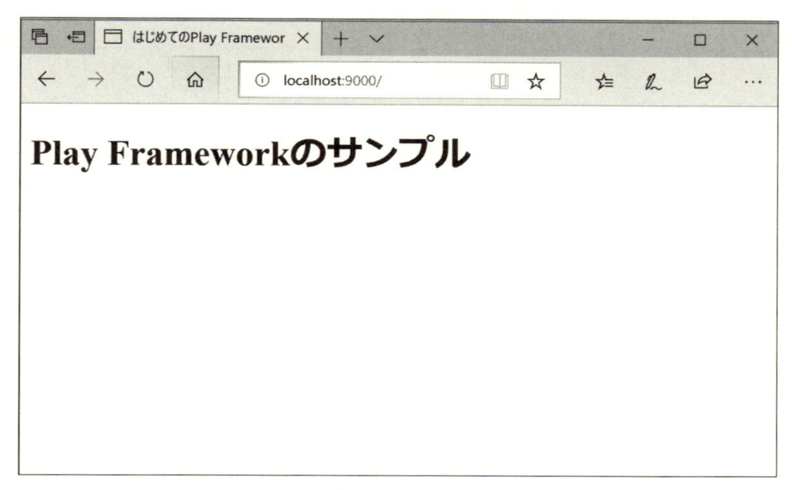

図2-12　「日本語表示」になった

■「コントローラ」と「テンプレート」の関係

●「引数」を渡してみよう

「HomeController.scala」を開きます。

定義しているメソッド「index」の中で、テンプレート「index」に引数を渡してみましょう。

それには、**リスト2-8**でオブジェクト「view.html.index()」に引数を渡します。

さて、何を渡しましょう。

単純な文字列ではつまらないので、「今日の日付」を文字列にして渡してみましょう。

本書を読んでいる時点の日付を、動的に表示します。

●「Scala」で利用する「Javaのライブラリ」

「Scala」では、「Scalaに特有の機能」を記述するのでなければ、「Javaのライブラリ」をそのまま使います。

ただ、「セミコロン」を省略できるなど、書き方に違いがあります。

*

「Java8」からは、「今日の日付」を簡単に取得できるようになりました。
「java.time.LocalDate」というクラスです。

「Scalaファイル」上でインポートする書き方は、**リスト2-25**のように、ただ「セミコロン」が省略できるだけで、「Java」と同じです。

【リスト2-25】「Scala」ファイル上で書くインポート文

```
import java.time.LocalDate
```

そこで、関数「view.html.index」に、**リスト2-26**のように「引数」を渡します。

「取得した日付」を、メソッド「toString」で「文字列化」しています。

【リスト2-26】引数を渡す

```
views.html.index(LocalDate.now.toString())
```

●「引数」を受け取る

この引数を受け取るため、「テンプレート・ファイル」「index.scala.html」を開いて編集します。

リスト2-10のように何も書いていなかった「括弧」の中に、**リスト2-27**のように「引数」を受け取るように記述します。

引数名が「**now**」で、データ型が「String」です。

【リスト2-27】ファイルの最初で、「引数」を受け取る

```
@(now:String)
```

「値」を受け取った引数「now」は、「@」をつけて、**リスト2-28**のように{}で囲んだ「HTMLブロック」の中に、そのまま書き込めます。

※　なお、「***」は、目立たせるための文字列そのままです。

【リスト2-26】「HTMLブロック」の中に「変数」を書き込む

```
{
  <h1>Play Frameworkのサンプル</h1>
  ***@now***
}
```

これで、ページに「今日の日付」が表示されました。

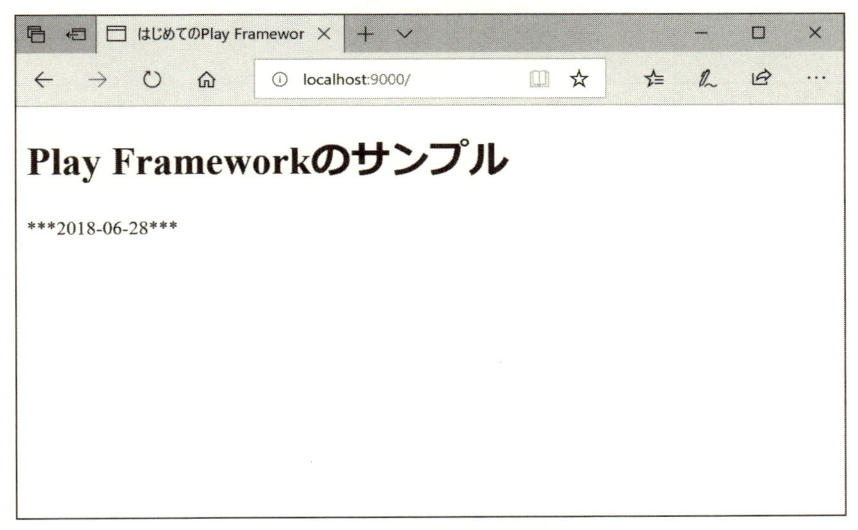

図2-13　「今日の日付」が表示された

■アセットを利用する

●ブラウザによってはいろいろと

最後に、「アセット」ファイルに「記述」を加えたり、「アイコン画像」を変更してみましょう。

＊

※ ただし、ブラウザによっては動作しないものがあります。
本書では、Windows10の標準のブラウザとして「Microsoft Edge」を用いていますが、「スタイルの変更」はブラウザを一回終了して「再起動」しないと反映されません。
また、アイコンには独自の形式のファイルを用いているので、「アイコン画像」に変更を加えると、アイコンの部分が「真っ黒い四角」になってしまいます。

「アセット」は、「Play Framework」で学ぶべきプログラムの動作とは関係ありませんので、うまく動かなくても気にしないでください。

●「スタイルシート」の編集

図2-11の「stylesheets」フォルダの中に、「main.css」ファイルがあります。

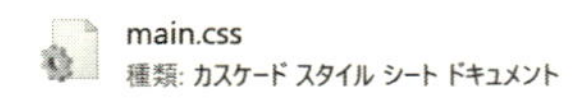

図2-14 ファイル「main.css」

「初期状態」では「空白」のこのファイルに、たとえば**リスト2-29**のように書き込みます。

【リスト2-29】スタイル指定を書き込む

```
h1{
  background-color: navy;
  color: lightgray;
}
```

●アイコン画像の変更

図2-11の「images」フォルダには、ページのタイトルとともに表示される「小さいアイコン」として、「favicon.png」が入っています。

これは、「Microsoft Edge」では表示されませんが、「Chrome」や「Firefox」などのブラウザでは表示されます。

図2-15 画像ファイル「favicon.png」

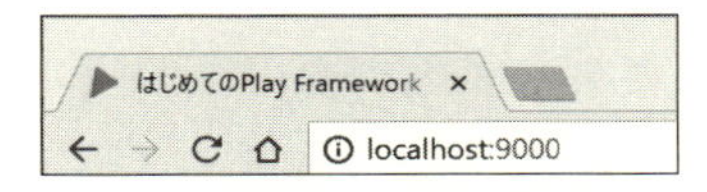

図2-16 「Chrome」ブラウザに表示されたアイコン

このアイコンを変更してみましょう。

*

「16ピクセル四方」の画像ファイルを作り、「favicon1.png」というファイル名にして、**図2-15**のフォルダに置きます。

図2-17 「favicon1.png」を作成

「テンプレート・ファイル」である「main.scala.html」の中で、「favicon.png」と書いてあるところを、「favicon1.png」に変更します。

図2-18は「Chrome」ブラウザで外観が反映されたところです。

図2-18 「Chrome」ブラウザに反映された外観の変更

*

以上、「フレームワーク」の「フォルダ」や「ファイル」の構造と、最初からファイルに書かれている内容を確認し、小さな変更を加えて動作を確認しました。

*

次章では、「コントローラ」や「テンプレート」を自分で作って、まったく新しい「ページ」を記述してみましょう。ただし、本章で眺めたサンプルコードをコピーして利用できますので、難しい作業ではありません。

「サーバの再起動」は必要ありませんが、ファイルの編集作業が長くなるので、一度「サーバを停止」し、「ブラウザも終了」させます。

MEMO

第3章

「Webページ」を追加

「Play Framework」では、1つの「プロジェクト・フォルダ」に、「ルーティング」「コントローラ」「ビュー（テンプレート）」を追加して、複数の動的な「Webページ」を記述できます。

前章では、「シード・プロジェクト」に備わっていたファイルの中身とその関係を解説しました。

本章では、「ファイル」や「設定」を新しく追加し、自分で、「Webページ」を作ってみましょう。その過程で、さらに詳しくコードを解説します。

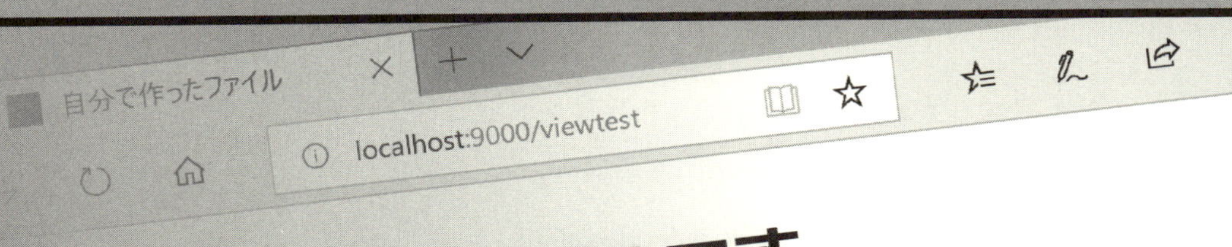

3-1 ファイルの作成

■ファイル名と作成場所

●「コントローラ・ファイル」の作成

「HomeController.scala」と同様の「コントローラ・クラス」の定義ファイルを、フォルダ「controllers」の下に作ります。

「ファイル名」を「ViewTestController.scala」にします。主に、**第4章**で「ビュー」(画面表示)をいろいろ記述するのに使うからです。

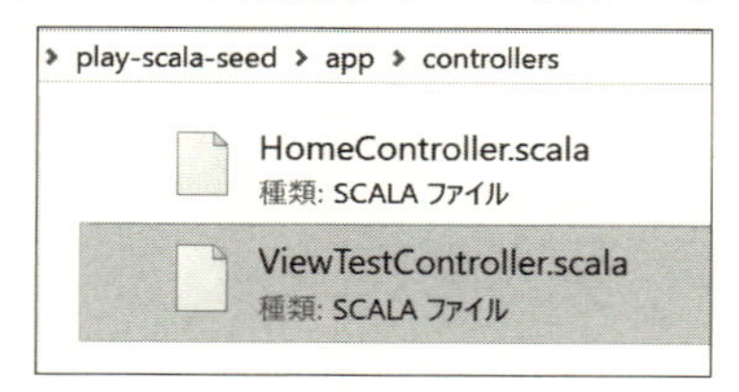

図3-1 「ViewTestController.scala」の作成

●「テンプレート(ビュー)・ファイル」の作成

「ビュー」と呼ばれる、「Twirlテンプレート」のファイルを2つ作ります。

＊

「main.scala.html」「index.scala.html」と同じ関係にある、「viewtest_main.scala.html」と「viewtest_index.scala.html」です。

それぞれ、フォルダ「views」の下に作ります。

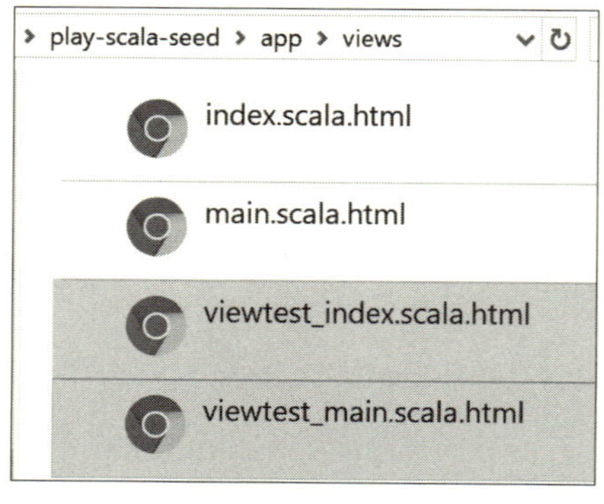

図3-2 「テンプレート」ファイルを2つ作成

●「CSSファイル」の作成

プログラムの動作に必須ではありませんが、「余白」や「色」などで表示を見やすくするため、「CSSファイル」を作り、適宜スタイルを記述しましょう。

「viewtest.scala.html」に参照させる「CSSファイル」「viewtest.css」を、「main.css」と同じ場所に作ります。

「app」フォルダではなく、「public/stylesheets」フォルダです。

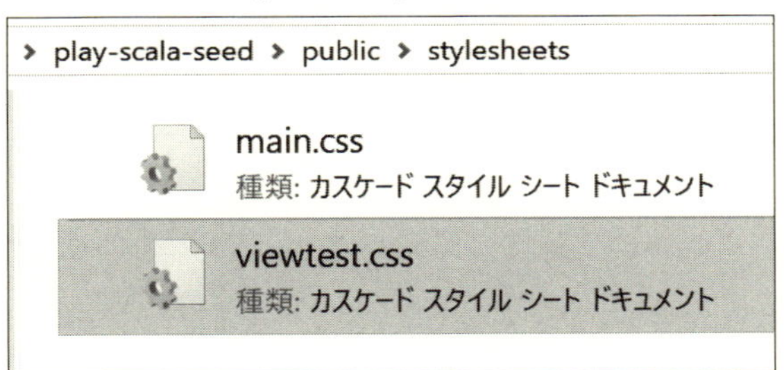

図3-3 「viewtest.css」の作成

＊

では、作った各ファイルの内容を記述し、ファイル「routes」への設定を追加しましょう。

なお、サーバを起動したときにファイルがすべて揃っていれば、作業の順番は問いません。

本章では、最も理解しやすい流れで作業していきます。

3-2 「コントローラ」の作成

■パッケージとインポート

●パッケージ

ファイルの中身は、「HomeController.scala」から多くをコピーします。

しかし、本章ではコードの理解を深めるために、少しずつコピーしていきましょう。

次章からはファイルごと複製して、必要な部分だけを編集するようにします。

＊

まず、ScalaでもJavaと同じように、フォルダは「パッケージ」に相当します。

フレームワークの中では、「controller」フォルダが「パッケージ・フォルダ」です。

ファイルの最初に、**リスト3-1**のようにパッケージを宣言します。

【リスト3-1】パッケージを宣言

```
package controllers
```

●インポートの書き方

○次に、必要なライブラリをインポートする宣言を書きます。

まず、**リスト3-2**の２つは、「Play Framework」専用のライブラリです。

【リスト3-2】「Play Framework」のライブラリ

```
import play.api._
import play.api.mvc._
```

最後の「._」は、Javaの「.*」に相当し、そのパッケージの下にあるすべてのクラスなどを表わします。

＊

●「JavaEE」からのインポート

「HomeController.scala」には、もう1つインポートするライブラリがあります。それが**リスト3-3**です。

パッケージ名から見るように、これは「JavaEE」のライブラリです。
このライブラリは、これから書くクラスの定義で用います。

【リスト3-3】「Java EE」のライブラリ

```
import javax.inject._
```

■ クラス名の宣言

●「注入」手法を含む宣言

「ViewTestController」のクラスを宣言しますが、ちょっと長くなります。

まず、**リスト3-4**のように書いてみてください。

【リスト3-4】クラス名の宣言の一部

```
class ViewTestController @Inject()(cc: ControllerComponents)
```

リスト3-4は、クラス「ViewTestController」からオブジェクトを作るとき、「cc」という引数を与えることを示します。

> ※　「cc」は、「ControllerComponents」というデータ型のオブジェクトです。

しかし、その前に「@Inject()」という指示(アノテーション)があります。

これは、「ccはフレームワークで作る」という、フレームワーク内部のプログラムへの指示です。

また、ここで「cc」は一時的な引数名で終わらず、「オブジェクトとして作られたクラスのメンバー」として、プログラム中で用いることができます。

＊

「inject」とは、日本語で「注入」という意味ですが、特に「クラス○○が見つかりません」という「依存性」の問題で苦労しないために用いられます(「依存性の注入」と呼ばれるプログラミングの様式を表わします)。

ただし、「Play Framework」の書き方自体が独特なので、「依存性の注入」ということを特に意識せず、「Play Framework」の書き方に慣れていけばいいでしょう。

●シングルトン

リスト3-4の前に、「@Singleton」というアノテーションが必要です。

リスト3-5で前半になります。

【リスト3-5】「@Singleton」をつけて「宣言の前半」となる

```
@Singleton
class ViewTestController @Inject()(cc: ControllerComponents)
```

「シングルトン」とは、このクラスからはたった1つのオブジェクトしか作ってはいけないという指示です。

複数のオブジェクトができると、どのオブジェクトがどのオブジェクトと連携するのか、混乱が生じるからです。

●クラスの継承

リスト3-5に、さらに後半の**リスト3-6**を加えます。

【リスト3-6】クラスの宣言の後半

```
extends AbstractController(cc)
```

これは「AbstractController」という抽象クラスを継承していることを表わしますが、すでに宣言の中で、括弧内に引数を渡しています。

「Scala」での「継承」の書き方で、「Java」の「コンストラクタ」での「super」メソッドを省略する書き方です。

●枠組みの完成

以上、**リスト3-7**で、クラス「ViewTestController」の定義の枠組みが完成です。

＊

【リスト3-7】クラス「ViewTestController」の定義の枠組み

```
@Singleton
class ViewTestController @Inject()(cc: ControllerComponents)
extends AbstractController(cc) {

}
```

■メソッド

●ページを記述するメソッドの定義

「コントローラ」クラスに定義するメソッドのすべてが、ページを記述しなければならないわけではありません。

補助的な作業をするメソッドを、いくつでも書けます。

＊

あるメソッドを「ページを記述するメソッド」にするには、特定の書き方にならって、かつ「routes」ファイルに記述してURLを決めます。

最初のページを表示する、「index」というメソッドを作ります。

リスト3-7の枠組みの中に、**リスト3-8**のindexメソッドを書きます。

【リスト3-8】「index」メソッド

```
def index() = Action { implicit request: Request[AnyContent] =>
  Ok(views.html.viewtest_index())
}
```

リスト3-8の内容は、前章で解説しました。

クラス「HomeController」に定義したメソッド「index」の最初の内容とまったく同じで、呼び出すテンプレートのオブジェクトの名前が違うだけです。

ファイル「viewtest_index.scala.html」に書いた内容を呼び出すために、

「views.html.viewtest_index」というオブジェクト名になっています。

＊

以上、「コントローラ」の作成が完了しました。

3-3 「テンプレート」の作成

■「コントローラ」から呼ばれる「テンプレート」

●viewtest_index.scala.html

「テンプレート・ファイル」は、2つ作りました。

そのうち、「viewtest_index.scala.html」を、「ViewTestController」クラスのメソッド「index」から呼ぶことにしてあります(**リスト3-8**)。

このファイルを書くには、テンプレート「index」の内容を参考にします。

ただし、「index.scala.html」ファイルは前章で編集を加えてあるので、ファイルの最初は、**リスト3-9**のように「引数を取らない」書き方にしておきます。

【リスト3-9】「viewtest_index.scala.html」の最初の行

```
@()
```

このファイルから、「viewtest_main.scala.html」に引数を渡すことにします。

テンプレート名「viewtest_main」に「@」をつけて、関数にします。

【リスト3-10】テンプレート「viewtest_main」を呼び出す関数

```
@viewtest_main() {
}
```

関数「viewtest_main」に、引数としてタイトルにする文字列、およびページに表示させるHTMLブロックを渡して、完成です。

＊

【リスト3-11】関数「viewtest_main」の完成

```
@viewtest_main("自分で作ったファイル") {
  <h1>自分で作ったファイルです</h1>
}
```

■ テンプレートから呼ばれるテンプレート

●viewtest_main.scala.html

テンプレート「viewtest_index」から呼ばれるテンプレートを記述する「viewtest_main.scala.html」は、「main.scala.html」とほとんど同じです。

リスト3-12のように書きます。

【リスト3-12】「viewtest_main.scala.html」の全文

```
@(title: String)(content: Html)
<!DOCTYPE html>
<html>
  <head>
    <title>@title</title>
    <meta charset="UTF-8"/>
    <link rel="stylesheet" media="screen" href="@routes.
Assets.versioned("stylesheets/viewtest.css")">
  </head>
  <body>
    @content
  </body>

</html>
```

テンプレート「main」との違いは、アセットへのリンクです。

JavaScriptやアイコンは参照せず、スタイルシート「viewtest.css」を参照するだけにします。

リスト3-12内の、**リスト3-13**の部分です。

「CSSファイル」の場所は「main.css」と同じなので、本当にファイル名が違うだけです。

リスト3-13】「viewtest.css」を参照する

```
<link rel="stylesheet" media="screen" href="@routes.Assets.
versioned("stylesheets/viewtest.css")">
```

■テンプレートから呼ばれるCSS

●「viewtest.css」の編集

「viewtest.css」は、ページが見やすくなればいいので、みなさんの好みで設定してください。

たとえば、全体に余白をもたせて、見出しをあまり黒々とさせないために、**リスト3-14**のように書きます。

【リスト3-14】「viewtext.css」の一例

```
body{
  margin-top:30px;
  margin-left: 50px;
}
h1{
  color:navy;
}
```

3-4 「ルーティング」と「リンク」の作成

■ルーティング

●ファイル「routes」に追記

「routes」ファイルを編集して、クラス「ViewTestController」の「index」メソッドを呼び出すためのページのURLを設定します。

すでに作ってある「indexページ」と混同しないように、**リスト3-15**のようにURLとメソッドを関連付けます。

【リスト3-15】「routes」に書き加える内容

```
GET      /viewtest       controllers.ViewTestController.index
```

リスト3-15では、ブラウザに次のように入力すると、クラス「ViewTestController」のメソッド「index」が呼ばれるように書いてあります。

```
http://localhost:9000/viewtest
```

＊

編集したファイルをすべて保存したら、「サーバ」を起動します。

ブラウザで、上記アドレスのページを開いてみましょう。
図3-4のように表示されます。

文字の色やマージンは、「viewtest.css」に記入した通りです。

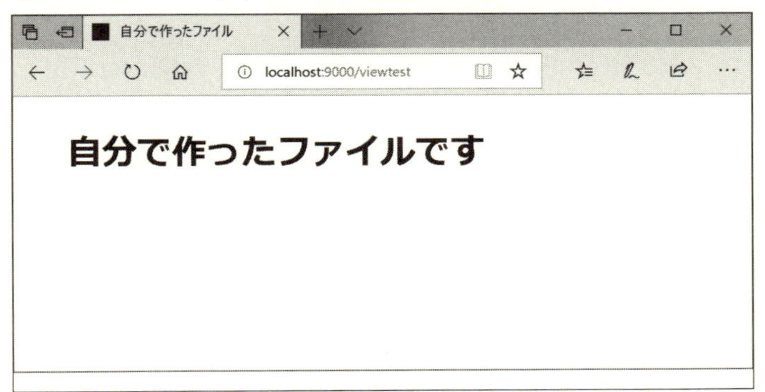

図3-4　自分でゼロから作ったページ

■ページへのリンク

●「index」ページからリンクを貼る

毎回ブラウザにURLを入力していくのは面倒ですから、テンプレート「index」に、リンクを記述しておくと便利です。

そうすれば、常に「http://localhost:9000」を開くようにして、そこからリンクで動作を確認したいページを開くことができます。

*

リンク先URLの書き方は、**リスト3-16**のようにファイル「routes」に記述した内容を利用します。

【リスト3-16】「routes」に記述した内容に基づくリンク先URL

```
@routes.ViewTestController.index
```

このリンク先をHTMLの中に埋め込むには、**リスト3-17**のように「href」属性の値として書きます。

【リスト3-17】リスト3-16をHTMLの中に埋め込んでリンクに

```
<a href="@routes.ViewTestController.index">ViewTest</a>
```

文字列を表わす引用符「" "」の中に**リスト3-16**を入れてしまっても、「@」が無効になりません。

「Twirlテンプレート」の面白いところです。

【リスト3-18】このように書いても「@」は有効

```
"@routes.ViewTestController.index"
```

テンプレート「index」中に**リスト3-17**を書き込む場所は、「HTMLブロック」中ならどこでもかまいませんが、たとえば**リスト3-19**のような場所です。

【リスト3-19】「index」のHTMLブロックの中に書く

```
@main("はじめてのPlay Framework サンプル") {
  <h1>Play Frameworkのサンプル</h1>
  <p>***@now***</p>
  <a href="@routes.ViewTestController.index">ViewTest</a>
}
```

これで、以後は「http://localhost:9000」で開くページから他のページへリンクができます。

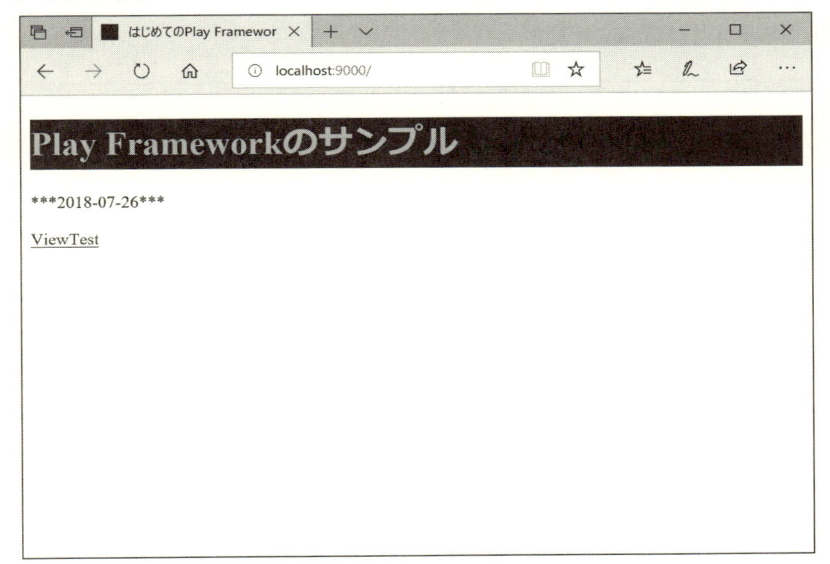

図3-5　最初のページからリンクを貼る

●各ページから「index」へのリンク

各ページでは、**リスト3-20**のようにリンクを書いておけば、最初のページに戻れます。

【リスト3-20】最初のページに戻るリンク

```
<a href="@routes.HomeController.index">目次へ戻る</a>
```

いま表示しようとしているページにおいては、**リスト3-21**を記述するテンプレートは、「viewtest_index」ではなく「viewtest_main」にすべきです。

そうすれば、他のテンプレートから「viewtest_main」を参照しさえすれば、改めて**リスト3-20**を書き加える必要がありません。

「viewtest_main」のファイルを開き、「@contents」と記述した箇所の下に**リスト3-20**を書いておきましょう。

3-5 「MVC構造」の完成

■「モデル」クラスの作成

●コントローラにはデータを書かない方針で

以後、この工程を基本に、「Play Frameworkのプロジェクト」に、複数の動的なページを作っていきます。

ところが、「Play Framework」に限らず、Webアプリには、もうひとつの役割をもつクラスを定義していったほうがいいのです。

それは、一般に「モデル」というクラスです。

*

「コントローラ」は、文字通り「制御するための動作」のためのクラスです。

それとは別に、「データのプロパティ」や、「そのデータの固有のメソッド」、または「実際のデータの値」なども、「モデル」クラスに書くようにします。そうすれば、「コントローラ」クラスの役割が見やすくなるだけでなく、扱うデータの種類が増えても、コントローラ自体の定義は、最小限ですみます。

●「models」フォルダと「モデル」クラスのファイル

次章からのアプリケーションの構築のために、「モデル」クラスである、「ViewTestData」の定義ファイルを作っておきましょう。

*

プロジェクトの「app」フォルダの下に、「models」というフォルダを作ります。

そしてその中に、「ViewTestData.scala」ファイルを作ります。

これで、「app」フォルダの下には「models」「views」「controllers」のフォルダが並び、Webアプリで推奨される「MVC構造」らしくなりました。

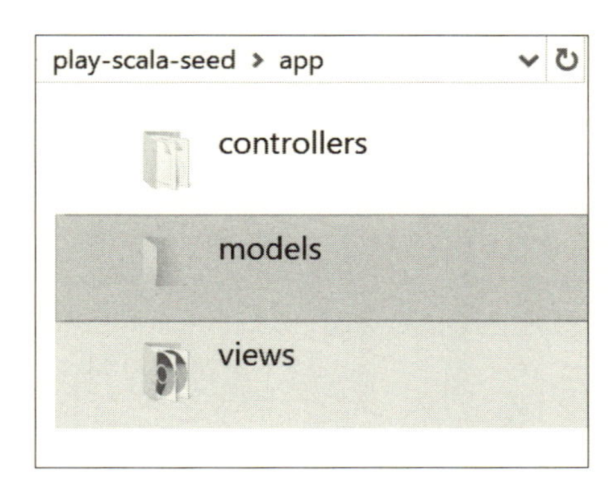

図3-6 「app」の下に3つのフォルダ

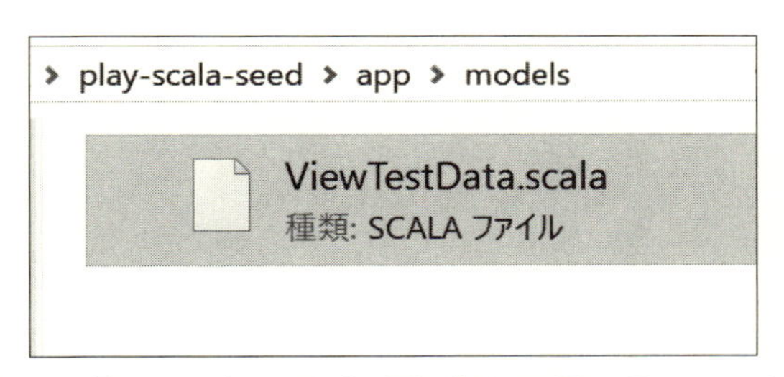

図3-7 「models」フォルダの下に「ViewsTestData.scala」

＊

「ViewsTestData.scala」に、クラス「ViewTestData」の定義を書きます。
本章では枠組みだけを書いておきましょう。

これは、**リスト3-21**のように、「Play Framework」に特有のものではない、普通のScalaのクラスです。
Javaではない Scalaの特徴としては、「セミコロン」がないことくらいです。

【リスト3-21】普通のクラス「ViewTestData」の定義

```
package models

class ViewTestData{

}
```

この「モデル・クラス」は、**第4章**以降で使っていきます。

第4章

Twirlテンプレート

「HTML文」に「Scalaコード」を埋め込んで画面表示を効率的に記述する、「Twirlテンプレート」の書き方を詳しく学んで、いろいろな表示を実現しましょう。

4-1 「引数」を用いた値の受け渡し

■「引数」が1つの場合

●共通の内容は変数に

第3章で作ったテンプレート「viewtest_index」では、「関数「main」に渡すタイトルの値」と、「「h1」要素の中身」に、どちらも「自分で作ったファイル」という「値」が含まれています。

これを変数にしましょう。

```
@viewtest_main("自分で作ったファイル") {
  <h1>自分で作ったファイルです</h1>
}
```

図4-1　共通の内容を変数に

●「変数」を「引数」として、値を受け取る

「変数名」を「title」とします。

この「値」をどこかから受け取るには、**2-3節**で学んだように、ファイルの最初に**リスト4-1**のように書きます。

「変数」が、「値」を受け取る「引数」となります。

【リスト4-1】「変数」に「値」を受け取るためにファイルの最初に書く

```
@(title:String)
```

まず、「title」要素を**リスト4-2**のように書きます。

【リスト4-2】「title」要素の内容を「変数」に

```
<title>@title</title>
```

●「引数」として初期値を渡す

変数の値を「ViewTestController」クラスのメソッド「index」から渡すことができますが、そうしなくてもいい方法があります。

「テンプレート・ファイル」上で、「引数」としての「変数」に初期値を設定すればいいのです。

リスト4-1を、**リスト4-3**のように、修正してください。

【リスト4-3】「引数」としての変数「title」に初期値を設定

```
@(title:String="自分で作ったファイル")
```

「ページ」を再読み込みして、表示が変わらないことを確認してください。

●変数を日本語の中で用いる注意

いま、「h1」要素として記述した個所には、変数「title」に、「です」がついています。

これが「問題」です。

＊

「英語」なら単語を「スペース」で区切るので、「this is @title.」のように書けば、「@title」の部分に値が入ります。

しかし、「日本語」は、内容を「スペース」で区切りません。

リスト4-4のように書くと、「『@titleです』という単語はありません」というエラーが出ます。

【リスト4-4】「日本語」としては、こうしたいが…

```
<h1>@titleです</h1>
```

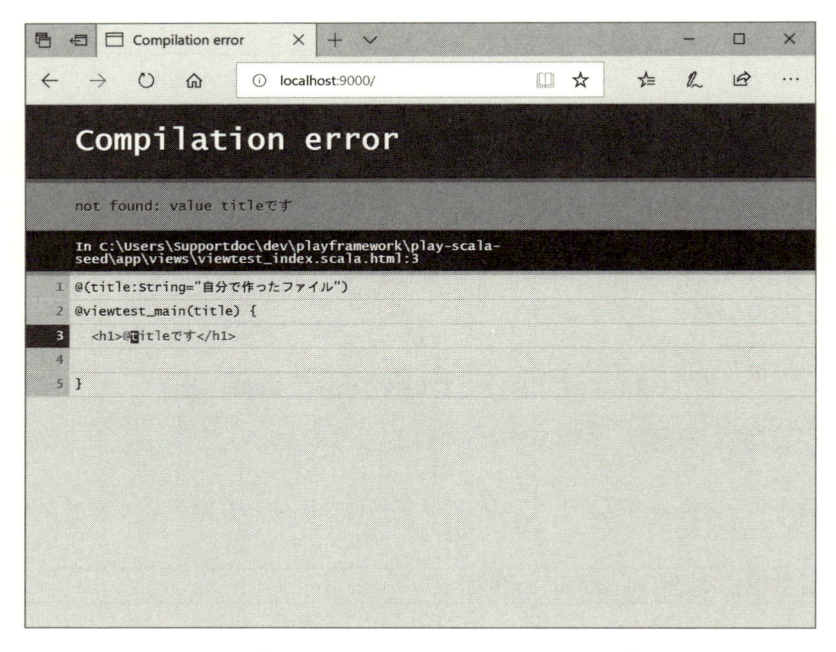

図4-2 「リスト4-4」のようにすると、エラーが出る

そこで、**リスト4-5**のようにします。

【リスト4-5】「変数」を用いた「式」の形(「@」の使い方に注意)

```
<h1>@(title+" です" )</h1>
```

リスト4-5で、「@」記号の使い方に注意しましょう。

「@title」が「変数名」なのではありません。
「変数名」は「title」で、**「これはScalaの式である」ことを示す**ために「@」がついているのです。

リスト4-5では、「title+"です"」が「Scalaの式」なので、全体を括弧に入れて、「@」をつけてあります。

＊

テンプレート「viewtest_index」に、**リスト4-2**、4-3、4-5の編集を加えます。

○保存してページを読み込み直し、修正前と同じ表示が出ることを確かめてください。

■ 複数の「引数」を渡す

●「引数」が1つだと簡単だが

上記で、テンプレート「viewtest.index」は、1つの変数「title」に「初期値」を受け取ることになりました。

*

一方、「コントローラ・クラス」で、テンプレートを呼び出すためのオブジェクト、「view.html.viewtest_index()」は、何も値を渡されずに作られています。

これは、「テンプレート側」で**リスト4-1**のように「値を受け取る引数」を1つしか書いていないのに対し、「コントローラ側」でも「引数の値」を1個しか渡さないということになり、そのとき「空(カラ)」の「括弧」を書くと「その唯一の「引数」に値が渡っていない」という暗黙の指示になるからです。

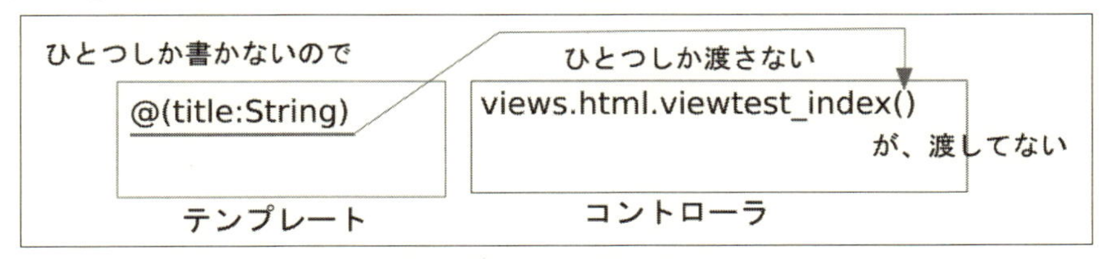

図4-3 「1つ変数を渡すのだが、渡してない」という了解

●2つの「引数」があるが、値は渡さない

では、「2つの「引数」に値を渡すことになっているが、どちらにも渡さない」という表現はできるのでしょうか。

これは、**リスト4-6**のように「空(カラ)の括弧を2つ」並べて書きます。
関数の扱いに慣れていないと、驚くかもしれません。

【リスト4-6】2つの「引数」があるが、どちらにも値を渡さない

```
views.html.viewtest_index()()
```

これは、「Scala」のように「関数」を扱える言語で可能な記述方法です。

「views.html.viewtest_index()」という「オブジェクト」の作成を、「オブジェクトを作って返す」という「関数」と見なし、その「関数」の「引数」が、2番目の括弧の中に入るのです。

そこで、テンプレート「viewtest_index」の最初の1行は、**リスト4-3**に加筆して、**リスト4-7**のように書くと、整合します。

【リスト4-7】「viewtest_index」の最初の1行

```
@(title:String="自分で作ったファイル")(rnum:Int=1)
```

リスト4-7では、「2番目の引数」の「データ型」を「Int」にしました。
これは、「整数」の「データ型」です。
「引数名」は「rnum」で、初期値は「1」です。

2つの「引数」に与えている「初期値」がないものとして、「テンプレート」で受ける「引数」の数と、「コントローラ」で与える「引数」の数を対応させると、**図4-4**のようになります。

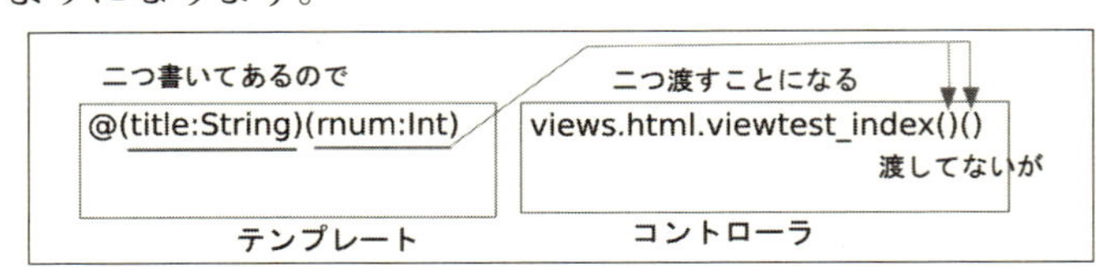

図4-4　2つ「変数」をとるときの、「テンプレート」と「コントローラ」の関係

「rnum」に渡した「値」を表示するように、「viewtest_index」の適切な場所に**リスト4-8**のように書きましょう。

【リスト4-8】変数「rnum」の「値」を表示する

```
<p>末尾が @rnum の方に大チャンス！ </p>
```

リスト4-8は、Webショップ風のメッセージです。
「@rnum」の両側には「半角スペース」を置いているので、「変数の記述」として独立しています。

○クラス「ViewestController」の「index」メソッドの該当部分を、**リスト4-6**のように書きます。

また、テンプレート「viewtest_index」は、全体が**リスト4-9**のようになります。

【リスト4-9】テンプレート「viewtest_index」の完成

```
@(title:String="自分で作ったファイル")(rnum:Int=1)

@viewtest_main(title) {
  <h1>@(title+"です")</h1>
  <p>末尾が @rnum の方に大チャンス！ </p>
}
```

ブラウザでは、**図4-5**のように、２つの「変数」の、「初期値」が表示されます。

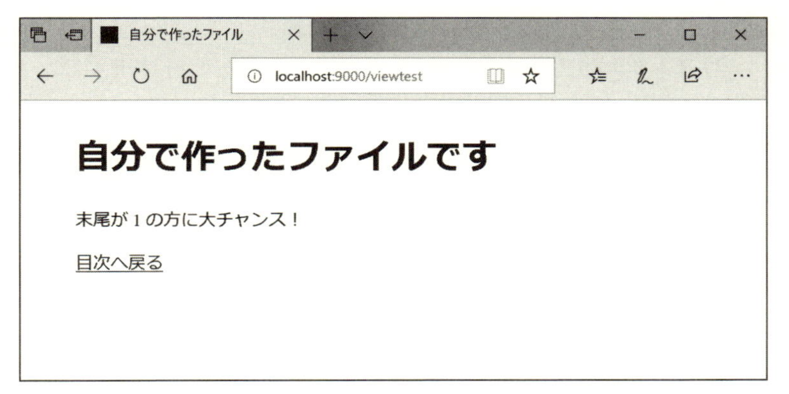

図4-5　2つの「変数」の、「初期値」が表示される

●複数の「括弧」は、すでに使っていた

このように、「メソッド」の「引数を」1つずつ「括弧」に入れる「表示法」は、テンプレート「main」や、それを真似た「viewtest_main」ですでに使っています。

リスト4-10に、これらの「ファイル」の「最初の部分」を再掲するので、確認してください。

【リスト4-10】変数を受け取る側

```
@(title: String)(content: Html)
```

これに対し、「テンプレート「main」に値を渡すテンプレート」、「index」における「引数の書き方」も確認しておきましょう。

*

「文字列」と「HTMLブロック」を並べて記述しています。

(「HTMLブロック」はすでに「波括弧」があるので、「引数」としての「括弧表記」は省略)。

「viewtest_index」も、それを真似て作っています。

【リスト4-11】「変数を渡す側」の「書き方」例

```
@main("タイトル") {<h1>こんな感じのHTML文</h1>}
```

●普通に「カンマ区切り」で、複数の「引数」を渡す

単に、**リスト4-12**のように「引数」をカンマで列記して呼び出すことも、もちろんできます。

【リスト4-12】「引数」を「カンマ」で1つの括弧に列記

```
views.html.viewtest_index(“タイトル”, 1)
```

ただし、それには、「引数を受け取るテンプレート側」でも、**リスト4-13**のように、1つの括弧にカンマで列記しなければなりません。

これが整合しないと、エラーになります。

【リスト4-13】「受け取るほう」も「書き方」を合わせる

```
@(title:String="タイトル初期値", rnum:Int=1)
```

Column 実は「apply」というメソッド

みなさん、エラーなくここまでできたでしょうか。

いま解説したような、「引数」の数や「書き方」の不整合でエラーが出ると、図4-6のような通知画面になり、ここに「apply」というメソッドについてエラーが指摘されます。

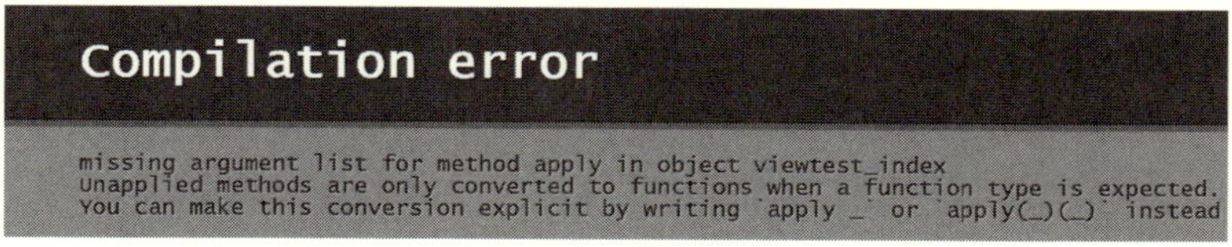

```
Compilation error

missing argument list for method apply in object viewtest_index
Unapplied methods are only converted to functions when a function type is expected.
You can make this conversion explicit by writing `apply _` or `apply(_)(_)` instead
```

図4-6 「apply」というメソッドについて書いてある

*

「views.html.index( )」という書き方は、「作られた新しいオブジェクト」でもあり、そのオブジェクトが、「apply」メソッドを呼ぶリスト4-14のような書き方の「戻り値」でもあります。

いずれにしろ、得られるのは新しいオブジェクトなので、「apply」メソッドは多くの場合、省略されます。

【リスト4-14】実は「apply」メソッドを読んでいた

```
views.html.index().apply()
```

ですから、「applyメソッドにエラーがある」という通知は、実は、「オブジェクトの作成時のエラー」を意味しています。

■いろいろな「値」を「引数」に渡してみよう

●新しい「テンプレート・ファイル」

“普通”の「引数の書き方」で「値」を受け渡しするために、「コントローラのメソッド」と「テンプレート・ファイル」を新しくしていきます。

*

「views」フォルダに新しくファイル「viewtest_twoargs.scala.html」を作ります。

この「ファイル」は、「変数の受け取り方が違う」だけで、その他は「viewtest_index」と同じにします。

【リスト4-15】テンプレート「viewtest_twoargs.scala.html」全文

```
@(title:String="自分で作ったファイル", rnum:Int=1)
@viewtest_main(title) {
  <h1>@(title+"です")</h1>
<p>末尾が @rnum の方に大チャンス！ </p>
}
```

●「ランダムな値」を「引数」に渡す、「新しいメソッド」

この「「ビュー・ファイル」を呼び出すメソッド」を、これまでと同じ「ViewTestController」の定義に追加します。

こんどは、変数「rnum」に与える「整数値」を「乱数」にして、「テンプレート」を読み直すたびに、別の数値が現われるようにしてみましょう。

*

「Scala」では、「Java」にはない「Scala特有の機能や構造を表わすライブラリ」以外は、「Javaのライブラリ」をそのまま使います。

*

「乱数」を作るには、「JDK7」の「java.util.Random」クラスを使うのが便利です。

「ViewTestController.scala」の「インポート」の記述部分に、**リスト4-16**を追加します。

【リスト4-16】Javaの「Random」クラスをインポート

```
import java.util.Random
```

この「Random」クラスを用いると、「0」から「9」までの乱数は、**リスト4-17**のように出現させることができます。

【リスト4-17】乱数の出現

```
new Random().nextInt(10)
```

そこで、テンプレート「viewtest_twoargs」を呼ぶメソッド「twoArgs」を、**リスト4-18**のように書きます。

【リスト4-18】メソッド「twoArgs」

```
def twoArgs() = Action { implicit request: Request[AnyContent] =>
  Ok(views.html.viewtest_twoargs("新しいタイトル", new Random().
nextInt(10)))
}
```

●ルーティングとページへのリンク

「ブラウザ」からこの「メソッド」を呼び出すための「アドレス」を、ファイル「routes」に記述しなければいけません。

リスト4-19のように、記述を追加します。

【リスト4-19】「routes」にメソッドを呼び出すアドレスを記述

```
GET     /twoargs        controllers.ViewTestController.twoArgs
```

また、「最初のページ」のテンプレート「index」に、**リスト4-19**への「リンク」を追加しておくと便利です。

【リスト4-20】テンプレート「index」にリンクを追加

```
<p><a href="@routes.ViewTestController.twoArgs">Two Args</
a></p>
```

「サーバ」が稼働していることを確かめて、(a)「ブラウザ」から「次のアドレスを直接入力する」か、(b)「最初のページからのリンクで、該当ページを開き」ます。

```
http://localhost:9000/twoargs
```

図4-7　最初のページで「Two Args」のリンクをクリック

「現われるページのタイトル」は、**リスト4-14**の初期値「自分で作ったファイル」ではなく、**リスト4-17**でメソッドから渡された「新しいタイトル」になります。

また、「数字」は、固定の「1」ではなく、「ページを読み直すたびに違う値」になるのを確認してください。

図4-8　「ページを開く」たびに「数字」が変わる

＊

以上、「複数の引数」を渡すときに「引数の数だけ括弧を記述する」という方法は、「渡す値」の1つが「関数オブジェクト」や「HTMLブロック」のような場合に、「コード」が見やすくなるので便利です。

また、変数を「渡さない」という書き方を、簡単にできます。

＊

ただし、「変数」が多くなると、「関数を行なう関数を行なう関数」…というように構造が複雑になり、「コンパイラ」の負荷が大きくなります。

通常の「カンマ区切りで変数を列記」と、どちらを使うかは、その都度、判断してください。

4-2 「Twirl」を使った画面表示の制御

■For文

●「箇条書き」に使う配列データ

「Twirl」を使って、「HTMLのコード」を書き出す「プログラム」を、「テンプレート」に直接書き出せます。

「ul」「li」などの「タグ」を使った「繰り返し文」を、「Twirl」で書いてみましょう。

そのためには、「表示項目の集合体」が必要です。

リスト4-21のような「文字列の配列」を考えましょう。

【リスト4-21】「Scala」における「文字列配列」の書き方

```
Array(
  "今日の天気", "注目のニュース", "イベント", "道路交通情報",
"おすすめグルメ"
)
```

「配列」を書くには、「Java」では「{}」を用いますが、「Scala」では「Array」という「クラス」の「オブジェクト」として作ります。

「Array」クラスは、「要素のデータ型」をも指定しなければならない「ジェネリック型」ですが、**リスト4-21**では「文字列の要素」を直接書いているので、「データ型の記述」は必要ありません。

*

この「配列データ」を利用できるようにするには、**第3章**で作った「モデル」クラスの「ViewTestData」に、**リスト4-22**のようにメソッド「getTopics」を定義します。

【リスト4-22】文字列配列を与えるメソッド「getTopics」

```
def  getTopics()= Array(
  "今日の天気", "注目のニュース", "イベント", "道路交通情報",
"おすすめグルメ"
);
```

※メソッドにしたのは、他のクラスから呼び出しやすいからです。
いま欲しいのは具体的な値ですが、「フィールド」や「プロパティ」にすると、他のクラスからの可読性の問題、「get/set」メソッドの定義などがプログラミング言語の仕様によって違うので、面倒です。

●「配列を呼び出して渡すコントローラ」のメソッド

他のクラスで**リスト4-22**の値を得るには、文字列「ViewTestData」クラスの「オブジェクト」を作り、**リスト4-23**の「メソッド」を呼びます。

【リスト4-23】他のクラスからリスト4-22を得る方法

```
new ViewTestData().getTopics()
```

そこで、「ViewTestController」に、**リスト4-24**のメソッド「forLoop」を追加します。

「viewtest_for」という名前のテンプレートを、呼び出すことにします(このあと作ります)。

【リスト4-24】メソッド「forLoop」

```
def forLoop() = Action { implicit request: Request[AnyContent] =>
  Ok(views.html.viewtest_for("Forループ", new ViewTestData().
getTopics()))
}
```

なお、最初に、**リスト4-25**のように「ViewTestData」をインポートしておいてください。

【リスト4-25】クラス「ViewTestData」をインポート

```
import models.ViewTestData
```

●テンプレートに書く繰り返し文

○**リスト4-24**で呼び出されるべき「テンプレート・ファイル」(viewtest_for.scala.html)を、フォルダ「views」に作ります。

○「値」を受け取るための「引数」を、**リスト4-26**のように書きます。

「引数」「topics」の「データ型」は、「文字列を要素とする配列」です。

「配列の要素」の「データ型」を表わす場合は、[ ]の中に、データ型名を書くようにします。

【リスト4-26】「引数」が受け取る値の初期値とデータ型

```
@(title:String="For文の練習", topics:Array[String])
```

こうして「値」を受け取った「引数」「topics」を用いて、**リスト4-27**のような「for文」を書くことができます。

【リスト4-27】テンプレートに「for文」を書く

```
<ul>
  @for(topic <- topics){
    <li>@topic</li>
  }
</ul>
```

※ 変数「topics」を配列とするとき、**リスト4-28**のような「for文」の書き方は、「Scala」の文法です。

【リスト4-28】Scalaの「for文」

```
for(topic <- topics){
  topicを使った処理
}
```

●「Twirl」での「@」記号の使い方

リスト4-27を確認しましょう。

「Twirlテンプレート」上では、「@」記号を用いた変数の表現方法が難しいところです。

＊

まず、**リスト4-29**の部分を見てください。

最初の「@」記号で、「for文」であると宣言できます。

「topic」や「topics」も「変数」と見なされますし、「閉じ括弧」も「開き括弧」に対応したコードを見なされます。

【リスト4-29】「for文」の枠組みは最初の@があればよい

```
@for(topic <- topics){

}
```

一方、「for」の枠組みの中では、「topic」がそのままの「文字列」ではなく、「変数」であることを明らかにしないといけません。

【リスト4-30】「for」の枠組みの中では、また「@」を使う

```
<li>@topic</li>
```

リスト4-30の変数「topic」に「@」がないと、ページ上に「topic」という「文字列」が繰り返して表示されてしまいます。

図4-9　「リスト4-31」に「@」がなかったら

●ルーティング

「routes」ファイルに、**リスト4-31**の「URL」を指定します。

【リスト4-31】「routes」に「メソッドを呼び出すURL」を記述

```
GET     /forloop        controllers.ViewTestController.
forLoop
```

＊

リスト4-30の「アドレスのページをブラウザで開く方法」は、これまでの他ページと共通なので、以後は解説を省略します。

ページを開いて、**図4-10**のように、「配列の中身」である「文字列」が、箇条書きで表示されるのを確認してください。

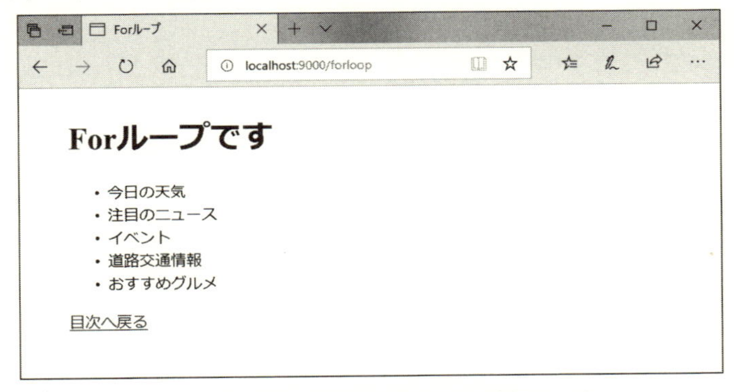

図4-10　配列の中身が箇条書きで表示された

■ if文

●「ある条件」ならば「表示」する

「for文」とくれば、「if文」も使ってみたいでしょう。

*

「Twirlテンプレート」では、「if文」などで記述した特定の条件においてのみ、特定の内容をページに表示させることができます。

*

小さな「if文」を、すでに作成ずみのテンプレートに追加してみましょう。

テンプレート「viewtest_twoargs」を用います。

ランダムに与えられる変数「@rnum」の値が、「3で割って2余る」ときだけ特定の表示をします。

リスト4-32の表記を加えてみましょう。

【リスト4-32】テンプレート「viewtest_twoargs」に追記

```
@if(rnum%3==2){
  <p>末尾を3で割って2余るあなたは、さらにお得！</p>
}
```

※ **リスト4-32**でも、「@」記号は「if」の最初についているので、変数「rnum」には「@」をつける必要はありません。

リスト4-32では、「ページ」を読み込むたびに、「ランダム」に値が変わる「rnum」が、もし「3で割って2余る数」なら、「<p>末尾を3で割って2余るあなたは、さらにお得！</p>」という「HTML文」が追加されます。

この「ページ」はすでに「ルーティング」が完成しているので、「ブラウザ」で「/twoargs」を何度か開き直して、結果を比べてください。

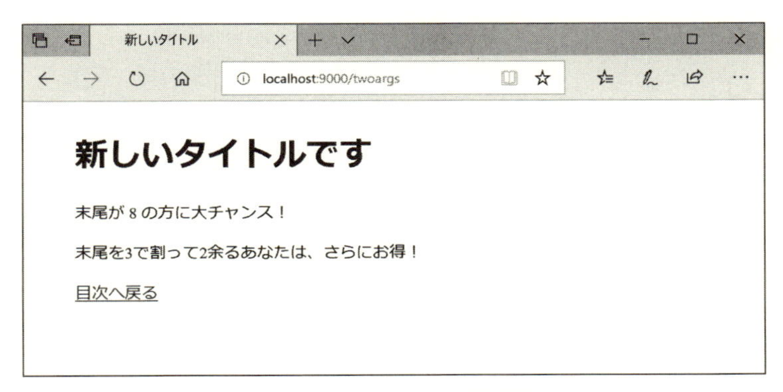

図4-11　「rnum」の値が「8」の場合は条件を満たす

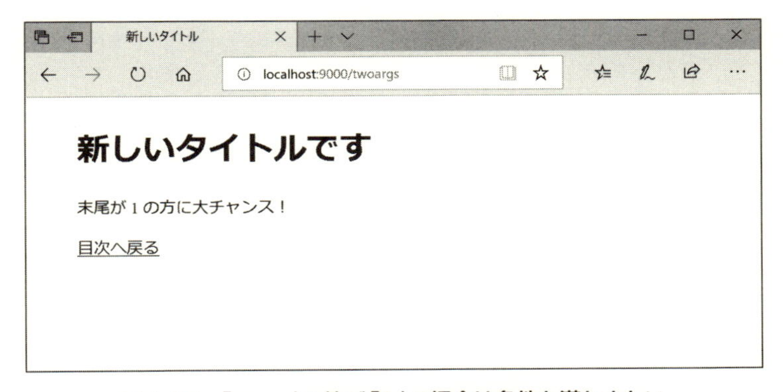

図4-12　「rnum」の値が「1」の場合は条件を満たさない

■再利用可能なブロック

●「forブロック」を再利用

「Twirlテンプレート」の中で、「関数」のような「ブロック」を書いて、「共通のHTML文」を、「値」だけを変えて出力できます。

特に名称はなく、「再利用可能なブロック」(**リユーザブル・ブロック**)と呼びます。

＊

「for文」を記述したテンプレート「viewtest_for」を書き換えてみましょう。

リスト4-33のようなブロックを考えます。

【リスト4-33】再利用可能なブロック「makelist」

```
@makelist(thelist:Array[String])={
  <ul>
    @for(item <- thelist){
      <li>@item</li>
    }
  </ul>
}
```

リスト4-33で、ブロック名は「makelist」です。
「引数」「thelist」をとり、そのデータ型は「Array[String]」です。

この「ブロック」は、テンプレート「viewtest_main」に渡す必要はありません。
そこで、関数「viewtest_main」の「外側」(上)に定義します。

*

以上、テンプレート「viewtest_for」は、**リスト4-34**のようになります。

全文を示すので、ブロック「makelist」の記述場所を確認してください。

【リスト4-34】テンプレート「viewtest_for」全文

```
@(title:String="For文の練習", topics:Array[String])

@makelist(thelist:Array[String])={
  <ul>
    @for(item <- thelist){
      <li>@item</li>
    }
  </ul>
}
@viewtest_main(title) {
  <h1>@(title+"です")</h1>
  @makelist(topics)
}
```

*

「表示結果」は、「書き換える前」と同じになります。

ページ「/forloop」を読み込み直して、確認してください。

4-4 「ケース・クラス」を用いた条件分岐

■これからよく使う「ケース・クラス」

●「ケース・クラス」とは

本章の最後に、「Twirlテンプレート」における「case」による「条件分岐」を学びます。

「Twirl文」自体は難しくはないのですが、この中でScalaの「ケース・クラス」を使ってみると、このあとの理解が大変進みます。

「ケース・クラス」とは、「条件分岐の表現がしやすいクラス」です。

これから、「じゃんけん」を考えます。

二人で行なう「じゃんけん」の場合、一人が3つの値のうちどれかを選択し、もう一人も同じ3つの値から選択して、それぞれの選択結果を比べるものです。

「じゃんけん判定アルゴリズム」はいろいろありますが、ここではすべての組み合わせを1つずつ評価することにします。

しかし、そうなると面倒ですね。そこで、「ケース・クラス」が生きてくるのです。

●じゃんけんを表わす「ケース・クラス」

「じゃんけんクラス」を考えます。

*

クラス「Janken」のフィールド「me」と「you」がそれぞれ、「自分の出した値」と「Webアプリが出した値」を表わすとします。

すると、一回の「じゃんけん」ごとに、「janken1」のような、クラス「Janken」のオブジェクトを作り、「janken1.me」と「janken1.you」の値を比較することになります。

このときの「条件文」は、**リスト4-35**のようになるでしょう。

【リスト4-35】通常のじゃんけん判定の条件文

```
if(janken1.me==”グー”&& janken1.you ==”パー”)
```

これを9つも書くのは、大変面倒ですね。

もし、「フィールド」を直接読むことが許されず、「get」メソッドなどを用いることになれば、コード量がもっと多くなります。

そこで、「ケース・クラス」として、この「Janken」オブジェクトを作ると、「jankenが、もし、『フィールドmeが”グー”でyouが”パー”であるオブジェクト』であれば」という書き方ができます。

リスト4-36の通りです。

【リスト4-36】2つのフィールドの値を一度に判定

```
if(janken1==Janken(“グー”,“パー”)
```

●「ケース・クラス」を用いたcase文

さらにいいことには、「2つの属性の条件」を「1つのオブジェクトの条件」にまとめたので、「case文」が使えます。

「Scala」では、**リスト4-37**のような文法になります。

【リスト4-37】「ケース・クラス」を使ったcase文

```
janken1 match{
  case Janken(“グー”,“グー”)=>”相打ちか”
  case Janken(“グー”,“チョキ”)=>”あなたの勝ち”
  case Janken(“グー”,“パー”)=>”あなたの負け”
  case Janken(“チョキ”,“チョキ”)=>”相打ちか”
  ....
}
```

このような「ケース・クラス」は、「複数の値を1つの条件にまとめ」られるので便利です。

Webでは、**第6章**で扱う「入力フォーム」の結果を扱うのに、役にたちます。

■「ケース・クラス」の定義と使用

●「ケース・クラス」の定義

ケース・クラス「JankenCase」の定義ファイル「JankenCase.scala」を、フォルダ「models」の下に作ります。

このファイルに、**リスト4-38**の通り、クラス「JankenCase」の定義を作ります。

【リスト4-38】ケース・クラス「JankenCase」の定義

```
package models
case class JankenCase(me:String, you:String)
```

きわめて簡単ですね。

「models」というパッケージの宣言のほかに、**リスト4-38**は、以下のような特徴をもっています。

(1)「case class」と宣言している
(2) クラスの宣言で、「引数」の形でフィールドを定義している
(3) メソッドなどブロックを記述していないので、「波括弧」がない

※ なお、「ケース・クラス」でもメソッドを定義できます。
そのときには、普通のクラスの定義のように、「ブロック」を使ってください。

●「ケース・クラス」のオブジェクトを戻すメソッド

「ケース・クラス」を用いるメソッドは、これまでも使ってきた「コントローラ・クラス」(ViewTestController)の定義の中に書きます。

クラス「JankenCase」は、「ファイルの最初」に、**リスト4-39**のようにインポートしておきます。

【リスト4-39】クラス「JankenCase」をインポート

```
import models.JankenCase
```

「テンプレート」を呼び出すのが主な目的の「メソッド」に、他の作業で長い記述をしないように、「補助的なメソッド」を定義しておきます。

リスト4-40のような「janken」を定義します。

乱数を用いてフィールド「me」「you」を決めて、クラス「JankenCase」の「オブジェクト」を作って返す、補助的なメソッドです。

【リスト4-40】メソッド「janken」

```
def janken():JankenCase={
  val gcp = Array("グー", "チョキ", "パー")
  return JankenCase(
    gcp(new Random().nextInt(3)),gcp(new Random().nextInt(3)))
}
```

リスト4-40のメソッド「janken」は、「引数」をとらず、戻り値のデータ型にクラス「JankenCase」を指定しています。

●「ケース・クラス」のオブジェクトを作成

メソッド「janken」での「Janken」オブジェクト作成はちょっと凝っています。

＊

まず、文字列「“グー”, “チョキ”, “パー”」を要素にとる配列「gcp」を定義します。

「Scala」では、「変数の定義」に「var」か「val」を用います。

「変数の値」を変更することがある場合は「var」を、変更しない方針であれば「val」を用います。

＊

リスト4-41に、変数「gcp」の定義の部分を抜粋して示します。

【リスト4-41】値を変更しない変数「gcp」の定義

```
val gcp = Array("グー", "チョキ", "パー")
```

配列「gcp」から、ランダムに要素「”グー”,“チョキ”,“パー”」のどれかを取り出すには、**リスト4-42**に抜粋するように、インデックスに「0-2」の値をランダムに設定します。

【リスト4-42】「配列」から「要素」を「ランダム」に取り出す

```
gcp(new Random().nextInt(3))
```

ここでは自分で出す手を選ぶのではなく、両方をランダムにします。

そこで、**リスト4-43**に抜粋するように、「フィールドの値」を与えて、「JankenCase」の「オブジェクト」を作ります。

【リスト4-43】「JankenCase」オブジェクトを作成

```
JankenCase(
  gcp(new Random().nextInt(3)), gcp(new Random().nextInt(3)))
}
```

●「Janken」オブジェクトを「テンプレート」に渡す

こうして得られた「JankenCase」オブジェクトを「引数」に与えて、テンプレート「viewtest_janken」を呼び出すメソッド「doJanken」を、**リスト4-44**のように書きます。

【リスト4-44】メソッド「doJanken」

```
def doJanken() = Action { implicit request: Request[AnyContent] =>
  Ok(views.html.viewtest_janken("じゃんけんしましょう",
janken()))
}
```

リスト4-44では、2つの「引数」に渡す値を「カンマ区切り」で列記しました。

1つはいつもの通り、「タイトルの文字列」です。

もう1つが、「janken」メソッドの戻り値である「JankenCase」オブジェクトです。

■「ケース・クラス」を使った「case文」

●「ケース・クラス」の「オブジェクト」を受け取る

「Janken」オブジェクトを受け取る「テンプレート・ファイル」の「viewtest_janken.scala.html」を、フォルダ「views」の下に作ります。

*

○まず、**リスト4-45**のように「引数」「result」に値を受け取ります。

コントローラのメソッドのほうがカンマ区切りで値を渡すので、こちらも合わせてください。

【リスト4-45】「引数」の値を受け取る

```
@(title:String, result:JankenCase)
```

○「Janken」オブジェクトを受け取った「引数」「result」で、**リスト4-46**のように「case文」を書きます。

ほとんど「Scala」のコードのままですが、「Twirlテンプレート」に書くときは、HTMLのテキスト部分を{}によるブロックで囲むので、注意してください。

【リスト4-46】「case文」で条件により異なるHTMLを出力

```
@result match{
  case JankenCase("グー", "グー")=>{<p>相打ちか</p>}
  case JankenCase("グー", "チョキ")=>{<p> あなたの勝ち</p>}
  case JankenCase("グー", "パー")=>{<p>あなたの負け</p>}
  case JankenCase("チョキ", "チョキ")=>{<p>相打ちか</p>}
  case JankenCase("チョキ", "パー")=>{<p>あなたの勝ち</p>}
  case JankenCase("チョキ", "グー")=>{<p>あなたの負け</p>}
  case JankenCase("パー", "パー")=>{<p>相打ちか</p>}
  case JankenCase("パー", "グー")=>{<p>あなたの勝ち</p>}
  case JankenCase("パー", "チョキ")=>{<p>あなたの負け</p>}
}
```

条件の数は多いですが、各条件文は簡潔です。

このように、「ケース・クラス」を用いると、条件分岐の構造が簡単になります。

●「オブジェクト」の「フィールド」を取り出す

ただし、**リスト4-46**で出力するのは「勝ち負けの結果」だけで、お互いが「なんの手を出したか」を出力していないので、**リスト4-47**を適当に添えておきます。

「Twirlテンプレート」では、「オブジェクト」を受け取っておいて、「テンプレート」上でその「フィールド」を取り出せるので、「値」ごとに「パラメータ」をやり取りする必要がなく、すっきりします。

【リスト4-47】「オブジェクト」から「フィールドを取り出しておく

```
あなた：@result.me,   わたし:@result.you
```

＊

リスト4-48に、「viewtest_janken」の構造の概要を示します。
どこにどのコードを書くか、参考にしてください。

【リスト4-48】「viewtest_janken」の各コードの記述場所

```
@(title:String, result:JankenCase)
@viewtest_main(title) {

  あなた：@result.me,   わたし:@result.you
  @result match{
    case JankenCase("グー", "グー")=>{<p>相打ちか</p>}
    ......
  }

}
```

■ページの動作確認

●「ルーティング」と「リンク」の設定

メソッド「doJanken」を呼び出すためのアドレスは、「/janken」にします。
ファイル「routes」に記述してください。

また、テンプレート「index」にリンクを貼っておくと、ブラウザで開くのが容易になります。

●ブラウザでの動作確認

ブラウザで何度かページを読み込み直して、**図4-13～4-15**のように、いろいろな「手」の組み合わせと結果が出ることを確認してください。

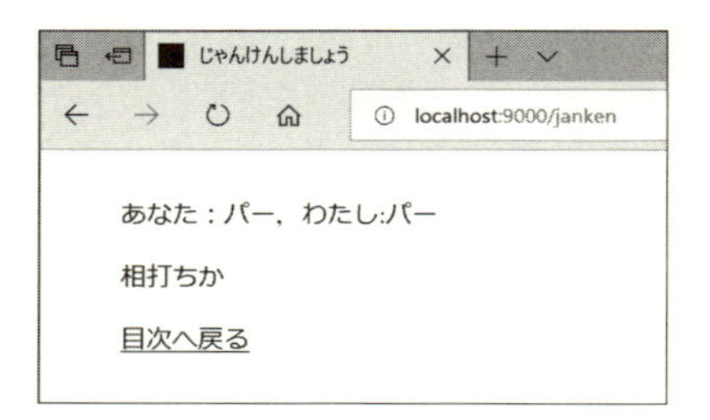

図4-13　あいこの例

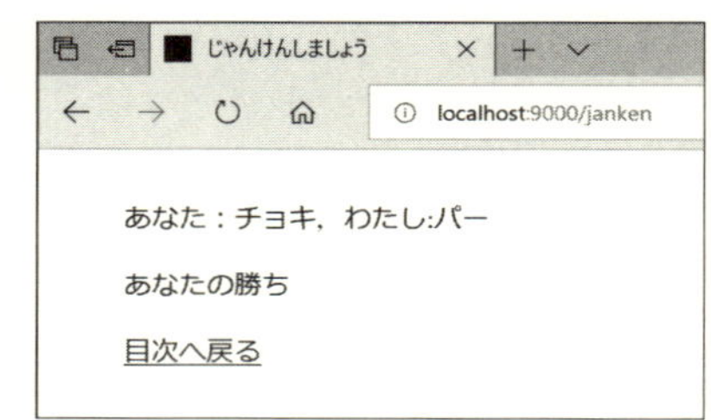

図4-14　勝った例

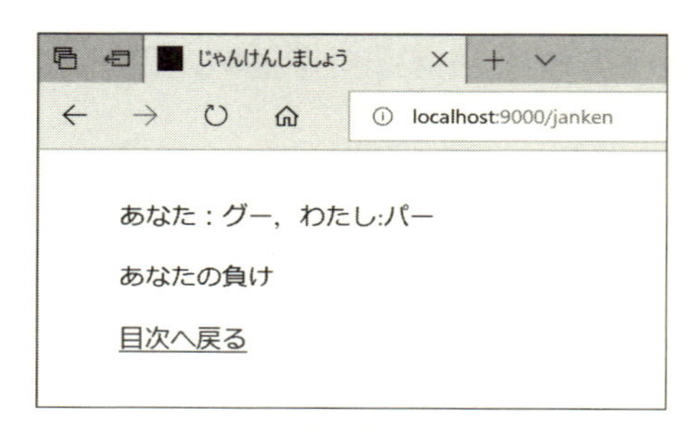

図4-15　負けた例

*

以上、「Twirlテンプレート」の使い方の基礎でした。

もっと複雑なプログラミングもできますが、それはむしろ「モデル」クラスや「コントローラ」クラスで処理するほうがいい内容です。

「Twirlテンプレート」については、**第6章**でフォームを描画するときにまた学びます。

フォームでは「ケース・クラス」も使います。

第5章

いろいろな「ルーティング」

「ルーティング」は、「目的のページ」を「Webブラウザ」に表示させるだけではありません。

「Webサーバから得たいデータ」の「種類」や「内容」を指定するための手法でもあります。

これまでの単純な「ルーティング」から、一歩進んだ「ルーティング」を実践します。

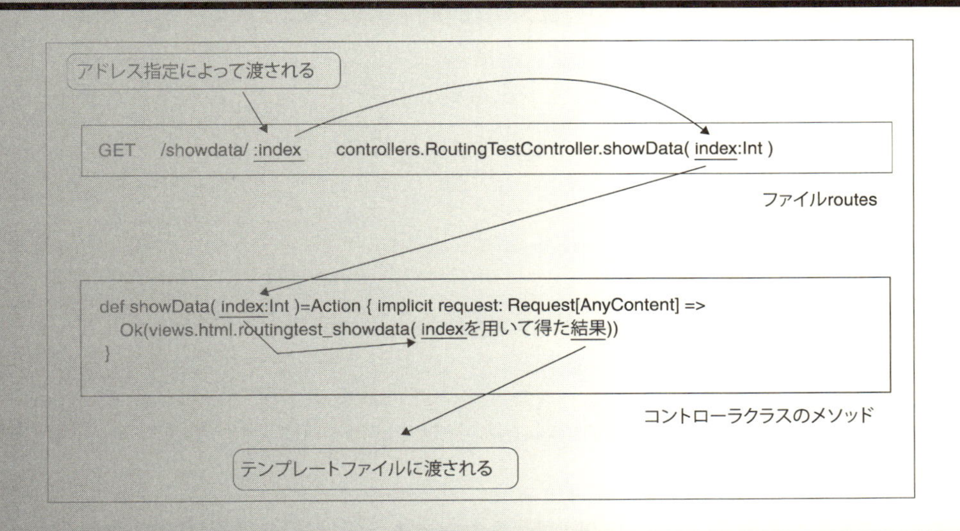

5-1 「動的ルーティング」の基礎

■メソッドに渡す引数とは

●どこに引数を渡していたのか

これまで、「コントローラ・クラス」に「Action」オブジェクト(関数オブジェクト)を返すメソッドを多数定義しました。

そのとき引数を渡したのは「メソッド」そのものではなく、「view.html.viewtest_twoargs」など、呼び出した「テンプレート・オブジェクト」でした。

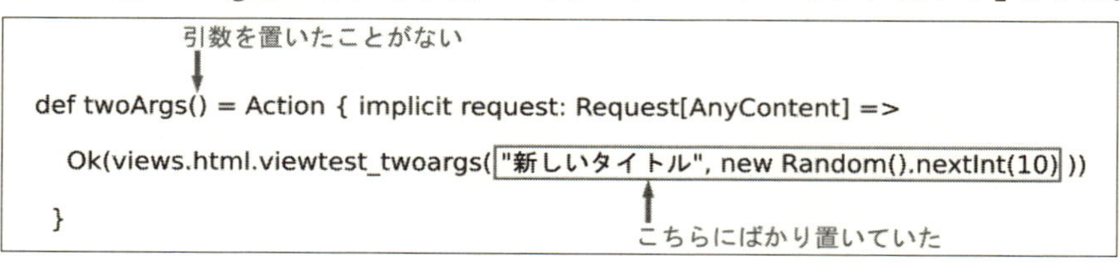

図5-1　引数を渡す場所

●「データ」を表わす「アドレス」

「テンプレート」に渡す引数は、画面表示に与える「データ」です。

一方、「メソッド」に渡す引数は、実は「ルーティング」に関するものです。

＊

たとえば、「名簿」において、「一覧を表示するページ」と「各人を表示するページ」があったとします。

このとき、**リスト5-1**のような一連のアドレスを見たことがあると思います。

【リスト5-1】名簿の一覧や各人を表示するページの一連のアドレス

```
/members            一覧を表示するページ
/members/1          名簿の中で番号が1番の人の詳細ページ
/members/shimizu    名簿の中で名前がshimizuで検索された人の一覧
```

このようなアドレスは、自動でなるものでも、そうしなければならないものでもありません。

人が理解しやすいという共通の認識で、「フレームワーク」の仕様として積極的に設定するものです(「REST」に採用されています)。

このように、「形式が同じで中身が違う」ページを、「ルーティング」の一部を変更して呼び出すことを、「動的ルーティング」と呼びます。

■「動的ルーティング」の実際

●新しい「コントローラ・クラス」

実際に、「動的ルーティング」を行なってみましょう。

＊

○新しく「コントローラ・クラス」の定義ファイル「RoutingTestController.scala」を、「controllers」フォルダの下に作ります。
○　まず、**リスト5-2**のような枠組みを作ってください。

他の「コントローラ・ファイル」からコピーして、「クラス名」を変更し、「前に追加したメソッドの定義」を「削除」すると効率的です。

リスト5-2は、「ViewTestController.scala」からコピーしました。

このファイルに、後から追加した「インポート文」は、ここでも使うので、残しています。

【リスト5-2】「RoutingTestController.scala」の最初の記述

```
package controllers

import javax.inject._
import play.api._
import play.api.mvc._
import java.util.Random
import models.ViewTestData
import models.JankenCase

@Singleton
class RoutingTestController @Inject()(cc: ControllerComponents)
```

```
 extends AbstractController(cc) {

}
```

●「引数」をとる「メソッド」

最初に書くメソッド「simple」は、驚くほど簡単です。

ただし、メソッド名のあとの括弧の中に、引数「something」を置いているのに注目です。

【リスト5-3】メソッド「simple」(引数「something」をとる)

```
def simple(something:String) = Action { implicit request:
Request[AnyContent] =>
  Ok(something+"さん、こんにちは")
}
```

なお、「Ok」の「引数」には、「テンプレートのオブジェクト」ではなく、直接「文字列」を置いています。

これは、簡単なテストなのでテンプレートファイルを作る手間を省くためです。

＊

「ブラウザ」には、なんの装飾もない文字が表示されます。

「ブラウザ」で「テキスト・ファイル」を開いたときと同じです。

図5-2に、**リスト5-3**の特徴を示したので、「いままでのコード」との違いを確認してください。

図5-2 「リスト5-3」の特徴

引数「something」に与えられる「文字列」が、「somethingさん、こんにちは」という「文字列」にされて、「Ok」オブジェクトに渡されます。

●「メソッドの引数」と「ルーティング」

ファイル「routes」に、「ルーティング」の指定を書きます。

○まず、**リスト5-4**のように、「GET要求」と「アドレス」を指定します。

【リスト5-4】アドレスの書き方

```
GET     /routingtest/:name
```

リスト5-4で「:name」と書いてあるところが、「引数」です。

「:」は、これが「引数である」という印です。

たとえば変数の値に「shimizu」を入れるなら、「/routingtest/shimizu」となり、「:」はつきません。

○一方、「呼び出すメソッド」の書き方は、**リスト5-5**のとおりです。
「URLの指定」に合わせた「引数名」と、「データ型」を指定します。

【リスト5-5】リスト5-4のURLで呼び出すメソッド

```
controllers.RoutingTestController.simple(name:String)
```

●引数つきのアドレスへのリンク

このアドレスを、ブラウザの「アドレス欄」に直接入力するのは面倒なので、テンプレート「index」にリンクを記述しましょう。

もっとも、引数の値を決めないままリンクは書けないので、引数の部分に適当な初期値を与えてリンクを置くことにします。

引数に違う値を与えたくなっても、アドレス欄において引数の部分だけ書き換えるのであれば、まだ楽でしょう。

*

考え方は以下の通りです。
テンプレートから、「routes」で指定されたアドレスを呼び出すには、**リスト5-6**のように書くことを学んでいます。

【リスト5-6】これまでの書き方

```
@routes.RoutingTestController.simple
```

しかし、こんどは、**リスト5-6**の中で引数に具体的な値を与えておきたいのです。

その値を、「"ゲスト"」という文字列にしましょう。

すると、リンク全体は**リスト5-7**のようになります。

ここで、「二重引用符」の使い方に注意してください。

【リスト5-7】「二重引用符」がダブっているのに

```
<a href="@routes.RoutingTestController.simple("ゲスト
")">Simple routing, ゲストさん</a><
```

普通のプログラミングでは、「引用符」は、出てきた順に「開始」「終了」と見なされるので、何らかの方法で「エスケープ」しなければなりません。

しかし、「Twirlテンプレート」の場合、「@」がついた箇所から、システムが適切に「引用符」の関係を解析しているようで、「文字列」と「それを囲む引用符」との関係が崩れません。

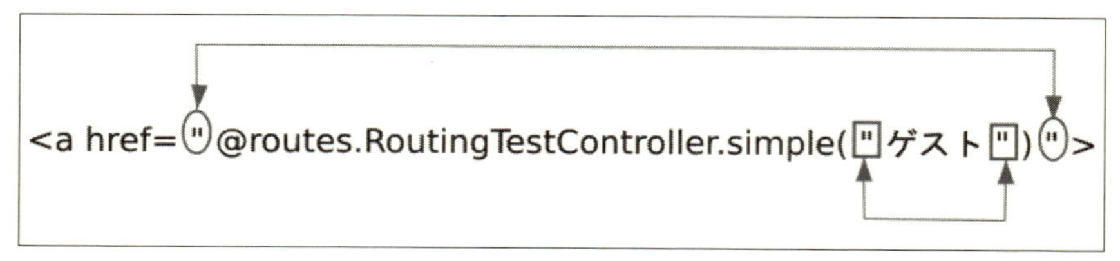

図5-3 「リスト5-7」の「二重引用符」(")の関係

●動作の確認

ブラウザでアドレス「localhost:9000」を開き、**図5-4**で「Simple routing, ゲストさん」と表示されているリンクをクリックします。

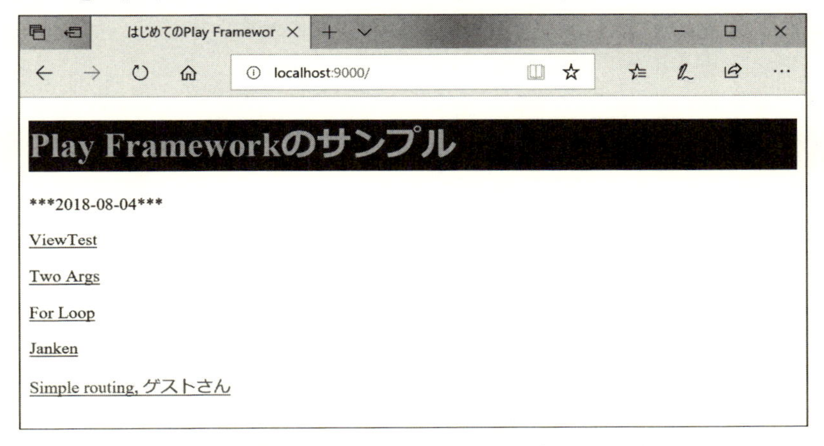

図5-4　「Simple routing、ゲストさん」をクリック

図5-5のように「ゲストさん、こんにちは」という文字が表示されたら、成功です。

また、アドレス欄も、**リスト5-8**のようになっていることを確認しましょう。

ただし、文字は小さく、左上に詰まって表示されます。

テキストをそのまま出力しただけで、書式もまったく設定されていないからです。

図5-5　「図5-4」のリンクをクリックして表示されるページ

【リスト5-8】図5-4のリンクをクリックして開かれるページのアドレス

```
http://localhost:9000/routingtest/ゲスト
```

図5-5のように表示されているところで、アドレス欄に直接作業してみましょう。

「ゲスト」を消して、「新人」という文字列に置き換えます。
すると、**図5-6**のように、ページの表示も「新人さん、こんにちは」に変更されます。

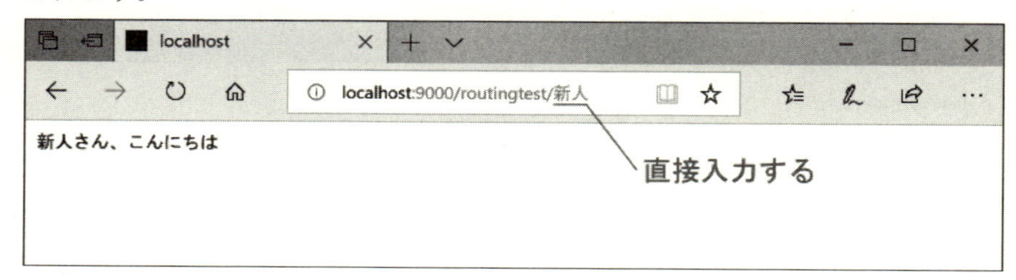

図5-6　「図5-5」の「アドレス欄」を直接変更

なお、「index」ページからリンクするページが多くなってきたので、**図5-7**では、「index.scala.html」や「main.css」を編集して、分かりやすい表示にしています。

ただし、この作業はフレームワークの動作の主要な事項ではないので、どのように編集するかは、ここでは割愛します。
すでに**第3章**で一例を示しているので、参考にしてください。

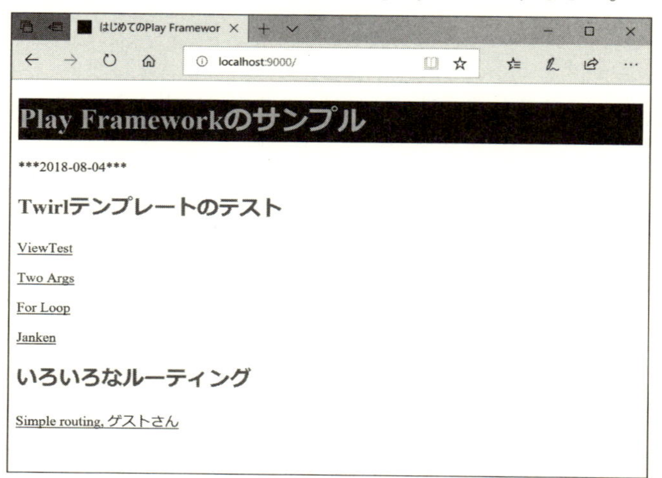

図5-7　「index」ページは適当に外観を整えておく

5-2 「集合体」から「値」を取り出す「ルーティング」

■「配列のインデックス値」でルーティング

●新しい「テンプレート・ファイル」を作成

「動的ルーティング」の仕組みが分かったところで、もっとそれらしいページを実現しましょう。

第4章で作ったモデルを用います。

＊

こんどは、「テンプレート・ファイル」を用いることにします。

＊

フォルダ「views」の下に、「routingtest_showdata.scala.html」を作っておいてください。

●コントローラに新しいメソッドを定義

「モデル・クラス」(models.ViewTestData)では、メソッド「getTopics」で「文字列」の「配列」が得られるように作ってあります。

この配列の特定の要素を取り出すのに、「インデックス」で「動的ルーティング」を行なってみましょう。

クラス「RoutingTestController」のメソッド「showData」を、**リスト5-9**のように定義します。

【リスト5-9】メソッド「showData」

```
def showData(index:Int)=Action { implicit request:
Request[AnyContent] =>
  Ok(views.html.routingtest_showdata(
    "選ばれたトピック", new ViewTestData().getTopics()(index)))
}
```

●「整数」を引数とするルーティング

リスト5-9の内容を説明する前に、「routes」に**リスト5-10**の設定を追加しておきましょう。

【リスト5-10】メソッド「showData」を引数付きでアドレスと結びつける

```
GET     /showdata/:index       controllers.
RoutingTestController.showData(index:Int)
```

リスト5-10により、ブラウザで、たとえば次のようなアドレスの指定ができます。

【リスト5-11】ブラウザでのアドレス指定例

```
http://localhost:9000/showdata/0
```

リスト5-11のアドレス指定は、メソッド「showData」の引数に「0」が渡されて呼び出される例です。

■「アドレス」として渡された「値」の流れ

●「メソッド」に渡された「引数」に応じた「値」を「テンプレート」に渡す

リスト5-11のアドレス指定では、メソッド「showData」で引数「index」の値が「0」になるので、**リスト5-12**のようにして得た値を、「テンプレート・ファイル」に渡すことになります。

【リスト5-12】こんな値を渡す

```
new ViewTestData().getTopics()(0)
```

リスト5-12では、まず新しい「ViewTestData」クラスの「オブジェクト」を作り、メソッド「getTopics」を呼び出します。

結果が戻ってくるのは「配列」なので、**リスト5-12**の配列の「0番目の要素」となります。

「getTopics」の呼び出しのところまで括弧でくくると、「コード」は煩雑になりますが、「意味」は分かりやすくなります。

【リスト5-13】リスト5-12はこう書いても同じ

```
(new ViewTestData().getTopics())(0)
```

具体的には、「今日のトピック」という文字列がテンプレートに渡されます。

●「テンプレート」の内容

「テンプレート」のほうでは、「コントローラ」の「メソッド」の「引数」にどんな「値」が渡されたか、そもそも、その「メソッド」が「引数」をとるのかどうかということも、関知しません。

ただ、「メソッド」から渡された「文字列」を、これまでのように受け取るのみです。

＊

ファイル「routingtest_showdata.scala.html」ファイルの最初に記述する「引数」は、**リスト5-14**のようになります。

【リスト5-14】「テンプレート・ファイル」での値を受け取る変数

```
@(title:String, data:String)
```

これらの「変数」を受け取っての画面表示の記述は、**リスト5-15**の通りです。

【リスト5-15】受け取った変数を用いてHTML表記

```
@viewtest_main(title) {
  <h1>@(title+"は")</h1>
  @data です
}
```

Web Framework
For Java and Scala

●「動的ルーティング」の「値」の「流れ」のまとめ

以上、具体的に、値「0」を用いて**リスト5-12**を説明しましたが、一般的な引数名「index」で関係を示すと、**図5-8**のようになります。

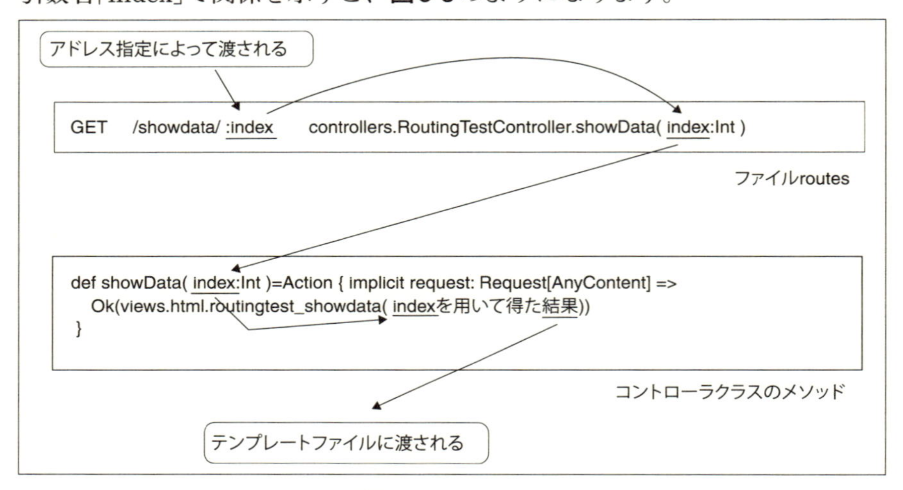

図5-8 「動的ルーティング」の仕組み

「index」テンプレートには、**リスト5-16**のように、特定のインデックス「0」を指定したアドレスへのリンクを張っておきます。

【リスト5-16】テンプレート「index」に貼るリンク

```
<p><a href="@routes.RoutingTestController.showData(0)">
  ViewTestData, 今日のトピック</a></p>
```

■「ブラウザ」での「動作」を確認

●異なる「インデックス」のアドレスで結果を比べる

この「アプリケーション」を、「サーバ」上で動かしてみましょう。

まず、最初のページから、「リンク」で移動します。
図5-9のように、「トピック名」の配列の最初の要素が表示されます。

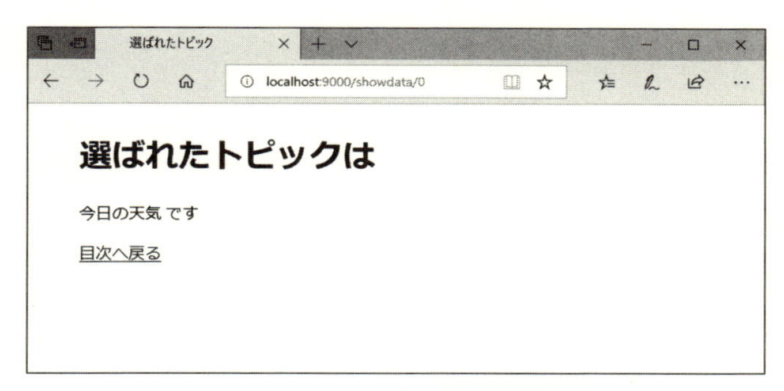

図5-9　インデックスが「0」の要素が表示される

図5-6のときと同様に、「ブラウザのアドレス欄」を直接操作して、「インデックス」を「1」～「4」に変更してみましょう。

その都度、違ったトピックが表示されるのを確認してください。

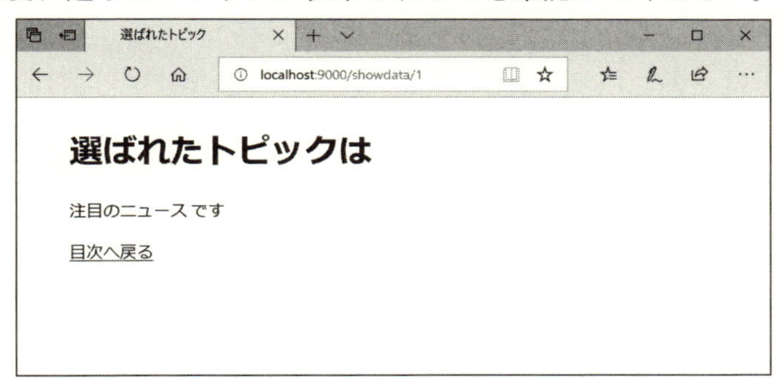

図5-10　「インデックス」を変えて、他の要素を取り出す

■「モデル・クラス」の改善

●「指定インデックス」の「要素」を返す「メソッド」

なお、**リスト5-12**や**リスト5-13**でいくつもの処理を一文で書くのが分かりにくい場合には、「モデル・クラス」である「ViewTestData」の定義に、**リスト5-17**のようなメソッド「getTopic」を定義すると、もっと分かりやすくなります。

配列を戻すメソッド「getTopics」を呼び出して、その中から引数に渡された「インデックス」に相当する要素を取り出して返すメソッドです。

(そのため、「戻り値」は「文字列」)。

【リスト5-17】「モデル・クラス」に定義するメソッド「getTopic」

```
def getTopic(index:Int):String={
  val topics = getTopics()
  if (index<0 || index >= topics.size) {return topics(0)}
  return topics(index)
}
```

●「不適切」な「整数値」に対応

リスト5-17では引数として受け取る値に対して、安全措置も施しています。

メソッド「getTopics」で得られる配列を、変数「topics」一度で受け取り、「index」の値が「topics」の要素として不適切な場合は、すべて最初の要素を返します。

適切な場合によって、「index」の値に応じた要素を取り出します。

「※Scala」のメソッドでは、引数に可変「var」の指定をしない限り、引数は、渡された値からメソッド内で変更できません。

リスト5-17を用いると、**リスト5-12**は**リスト5-18**のように分かりやすくなります。

【リスト5-18】要素の取り出しに、メソッド「getTopic」を用いる

```
new ViewTestData().getTopic(index)
```

5-2 「動的ルーティング」で「じゃんけんゲーム」

■「アドレス」によって、出す「手」を指定

●前章のプログラムを改善

以上、「ルーティング」の基礎を学びました。

*

最後に、前章で作った「じゃんけんゲーム」を改良します。

前章では、どちらもランダムにしか「手」を選べませんでしたが、「ルーティング」を利用し、アドレスを変更することで、自分の好きな「手」が出せるようにします。

●「引数」をとるメソッド「realJanken」

「RoutingTestController」クラスに、**リスト5-19**のメソッド「realJanken」を定義します。

【リスト5-19】メソッド「realJanken」

```
def realJanken(index:Int):JankenCase={
  val gcp = Array("グー", "チョキ", "パー")
  return JankenCase(
    gcp(index),gcp(new Random().nextInt(3)))
}
```

リスト5-19のメソッド「realJanken」で「JankenCase」オブジェクトを作る際には、はじめの「引数」に、メソッドに「引数」として渡されてきた「index」を指定します。

2番目の「引数」は、前回と同様に、「0」～「2」のランダムな整数です。

このメソッドは、同じ「RoutingTestController」クラスのdoRealJankenメソッドの中で使われます。

「doRealJanken」メソッドは**リスト5-20**のように定義されるので、「doRealJanken」に渡された引数「index」の値が、そのまま「realJanken」メソッドに渡されることになります。

【リスト5-20】メソッドdoRealJanken

```
def doRealJanken(index:Int) = Action { implicit request:
 Request[AnyContent] =>
  Ok(views.html.viewtest_janken("真のじゃんけん", realJanken(index)))
}
```

●「じゃんけん」の結果を受け取る「テンプレート」は、前と同じ

リスト5-20で、呼び出すテンプレートは、前章と同じ「viewtest_janken」であることに注意してください。

このテンプレートは、ただ「JankenCase」オブジェクトを受け取って評価するだけです。

「JankenCase」オブジェクトの「引数」がどのように作られたか(「ランダム」か、「引数指定」か)は関知しません。

＊

このように、「モデル」「コントローラ」「ビュー」の役割が互いに独立していると、異なる「コントローラ」で、「モデル」や「ビュー」を共有できるので、便利です。

●「routes」でアドレス指定

「routes」で**リスト5-21**のように「アドレス」を指定し、メソッド「doRealJanken」の引数を「アドレス」から渡すようにします。

【リスト5-21】「routes」の指定でアドレスから引数を渡す

```
/realjanken/:index     controllers.RoutingTestController.
doRealJanken(index:Int)
```

リスト5-21から、ブラウザで**リスト5-22**のような「アドレス」を指定すれば、「じゃんけん」ができることになります。

【リスト5-22】アドレスによってじゃんけん

```
グーを出す /realjanken/0
チョキを出す /realjanken/1
パーを出す /realjanken/2
```

●入力ミスを防ぐリンク

「じゃんけんゲーム」は、「0」～「2」以外の値をアドレスに渡したら、失敗です。

そこで、失敗を防ぐために、テンプレート「index」に、それぞれのリンクをつけておき、「リンク」によって手を出すことにします。

「リンク」は、基本的には**リスト5-24**のような書き方です。

【リスト5-24】リスト5-22それぞれへのリンク

```
<a href="@routes.RoutingTestController.doRealJanken(0)">
グー</a>
<a href="@routes.RoutingTestController.doRealJanken(1)">
チョキ</a>
<a href="@routes.RoutingTestController.doRealJanken(2)">
パー</a>
```

リスト5-24をただ書いただけでは、リンクが見にくくなります。

「HTML」や「CSS」への記述を工夫して、見やすくしてください。

たとえば、**図5-11**のような配置で、最初のページから「グー」「チョキ」「パー」それぞれを出すリンクを用います。

図5-11で「チョキ」をクリックすると、自分の意志「でチョキ」を出せます。

「判定」は、**第4章**の方法と同じです。

リンクで目次に戻り、「じゃんけん勝負」を続けることができます。

Web Framework
For Java and Scala

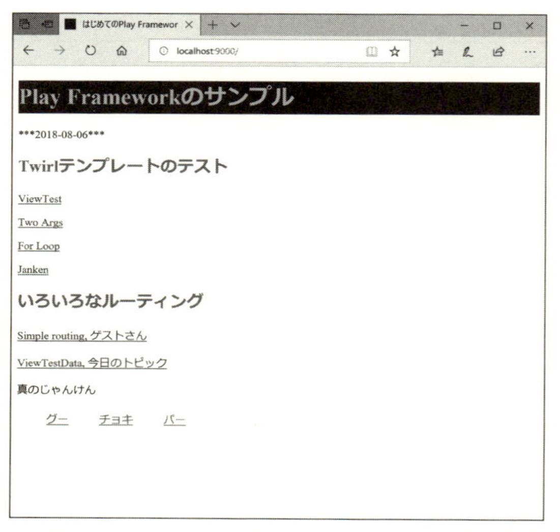

図5-11　最初のページから「リンク」をクリックして、「じゃんけん」する

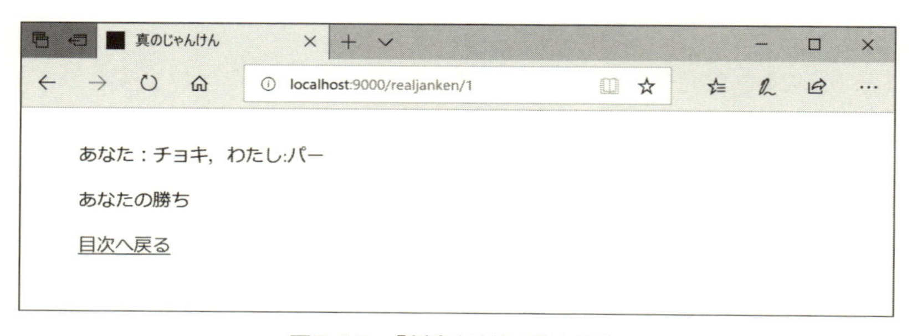

図5-12　「判定」は第4章と同じ

＊

以上、「アドレス」を指定し、かつ「リンク」を利用して、「サーバ」に自分の意志を伝えることができるようになりました。

さらに、「フォーム」が使えるようになれば、「データ送信」の自由度は、比べものにならないほど大きくなります。

次章では、「Play Framework」で「フォーム」から「データを送信」するプログラムを書きます。

第6章

「フォーム」による送受信

「Webアプリ」と言えば、ほとんどが「入力フォーム」を用いて「サーバ」にデータを送信し、その処理結果を受け取るものでしょう。
そこで、「Play Framework」での「フォーム」を使ったアプリの書き方を、単純なものから、高度なものまで解説します。

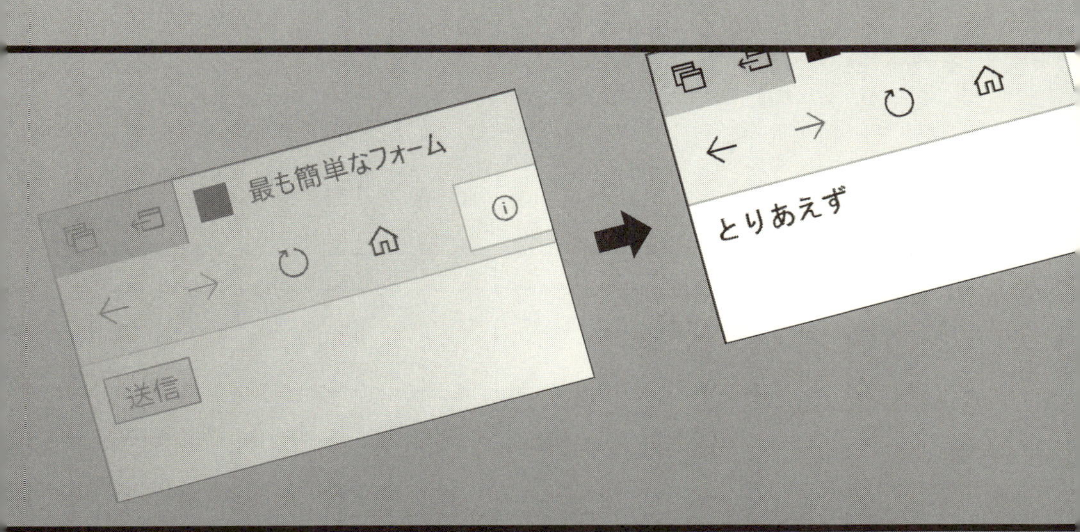

6-1 「フォーム」の作成準備とテスト

■ 必要なファイルの作成

●「コントローラ・クラス」の定義ファイル

最も簡単な「フォーム」として、1個の「テキスト・フィールド」に「文字列」を入力して送信すると、別のページに,その「結果」が表示される,というものを作ります。

＊

まず、そのためのファイルを作りましょう。

「component」フォルダの下に、「SimpleFormController.scala」を作ります。

リスト6-1の通り、これまでの「コントローラ・クラス」の定義と同様の枠組みを定義しておきます。

【リスト6-1】「SimpleFormController.scala」の最初の枠組み

```
package controllers

import javax.inject._
import play.api._
import play.api.mvc._

@Singleton
class SimpleFormController @Inject()(cc: ControllerComponents)
extends AbstractController(cc) {

}
```

●テンプレート・ファイル

「テンプレート・ファイル」は、「views」フォルダの下に2つ作ります。

(a) 1つはフォームを表示するための「simpleform.scala.html」で、もう1つは(b)フォームの送信結果を表示するための「simpleform_result.scala.html」です。

これらの中身は後で書いていくので、いまはファイルだけ作っておいてください。

■「フォーム・オブジェクト」の作成

●「テキスト・フィールド」1個の「フォーム」

「フォーム」は「コントローラ・クラス」の中でオブジェクトとして作り、テンプレートに渡します。

「フォーム・オブジェクト」の作成の仕方はいろいろありますが、最も簡単なのは、**リスト6-2**のようなものでしょう。

【リスト6-2】きわめて簡単な「フォーム・オブジェクト」

```
val form = Form("name"->text)
```

リスト6-2は、「フォームの表示」のための「メソッド」(「showForm」と命名)と、「送信内容を処理する」ための「メソッド」(「process」と命名)とで共通に使います。

そこで、何かの「メソッド」の定義の中ではなく、クラスの定義の枠組みの中に直接書きます。

リスト6-3で、その「記述位置」を確認してください。

【リスト6-3】リスト6-2を書く場所

```
@Singleton
class SimpleFormController @Inject()(cc: ControllerComponents)
extends AbstractController(cc) {

  val form = Form("name"->text)

  def showForm()={,,,,,,}
  def  process()={.....}

}
```

●「パラメータ」と「データ型」のマッピング

リスト6-2の中で、オブジェクト「Form」に渡す「引数」に相当する**リスト6-4**の箇所は、「マッピング」と呼ばれます。

パラメータ名「name」は、「文字列値」であることを示します。

「text」という語は、「フォーム・オブジェクト」に特有の用語で、「文字列のオブジェクト」を表わす、簡便な書き方です。

【リスト6-4】「フォーム・オブジェクト」のマッピング

```
"name"->text
```

この記述のためには、**リスト6-5**に示す「インポート」の宣言が必要です。

【リスト6-5】URLの書き方

```
import play.api.data._
import play.api.data.Forms._
```

■「フォーム・オブジェクト」の受け渡し

●「テンプレート」の準備

テンプレート「simpleform」を開いて「フォーム」を書きますが、まず、「データの入力」は「なし」で、「送信の仕組み」だけ追ってみましょう。

＊

アプリケーションの構造を簡単にするため、共通のテンプレートは使わず、「CSS」による「スタイル設定」もしないことにします。

＊

リスト6-6のように、「最低限のHTML」を書くことから始めます。

【リスト6-6】「simpleform.scala.html」の最初の記述

```
<!DOCTYPE html>
<html>
  <head>
    <title>最も簡単なフォーム</title>
```

```
    </head>
    <body>


    </body>
</html>
```

●コントローラから「フォーム・オブジェクト」を渡す

「コントローラ・クラス」の「メソッド」「simpleForm」から、「フォーム・オブジェクト」(form)をテンプレート「simpleform」に渡します。

＊

このコードは、**リスト6-7**の通りです。

【リスト6-7】「メソッド」「simpleForm」の内容

```
def showForm() = Action { implicit request: Request[AnyContent]=>
  Ok(views.html.simpleform(form))
}
```

●テンプレートで「フォーム・オブジェクト」を受け取る

テンプレート「simpleform」で「フォーム・オブジェクト」を受け取るために、**リスト6-8**を「ファイル」の最初に書きます。

【リスト6-8】リスト6-6の最初に書いておく

```
@(simpleform: Form[String])
```

リスト6-8で、「form」という用語は、テンプレート上では一般的過ぎるので、変数名は「simpleform」にしました。

また、「受け取るオブジェクト」の「データ型」に注意してください。

＊

リスト6-3では簡便法で「text」と書きましたが、「文字列を送信するフォーム」なので、型指定[String]を書きます。

■「ヘルパー」ライブラリで「フォーム」を「描画」

●「テンプレート」に「インポート文」を書く

「テンプレート」中に「フォーム」を書くには、「Play Framework」のライブラリ、「helper」パッケージのいろいろな「クラス」を用います。

そこで、「テンプレート」内に、「helper」パッケージの内容を「インポート」する文を書きます。

＊

「テンプレート」内では、「@」を使います。

「引数」を受け取るように書いた**リスト6-8**は、必ず「ファイル」の最初に置くので、その下に**リスト6-9**のように書きます。

【リスト6-9】「helper」パッケージの内容をインポート

```
@import helper._
```

●「ヘルパー」を用いた「フォーム」の「枠組み」

「HTML」の**「body」要素の中**に、**リスト6-10**のように書くのが、「フォーム」の枠組みです。

【リスト6-10】「テンプレート」中に書く「フォーム」の「枠組み」

```
@helper.form(フォームの送信先) {

  フォームの部品

  <button>送信</button>
}
```

●「フォーム」の「送信先」

「フォーム」の「送信先」には、「コントローラ・クラス」の「メソッド」を指定します。

このあと定義する「メソッド」、「process」を書いておきます。

【リスト6-11】フォームの送信先

```
@helper.form(routes.SimpleFormController.process())
```

●いまは「送信ボタン」だけ

「フォーム」の部品を書くには、新しいことを学びます。

リスト6-10の部分は、ただ「送信ボタン」を押すだけにして、**リスト6-12**のように書きます。

【リスト6-12】リスト6-10をひとまず完成

```
@helper.form(routes.FormController.process()) {

    <button>送信</button>
}
```

「SimpleFormController」の「メソッド」「process」は、**リスト6-13**のように書いておきます。

「この「メソッド」に対応するページがある」ということを示すだけの措置です。

まだ、「テンプレート・ファイル」は使いません。

【リスト6-13】「対応するページがある」というだけの内容

```
def process() =Action{
  implicit request: Request[AnyContent] =>
  Ok("とりあえず")
}
```

■「フォームの送受信ページ」のルーティング

●「フォーム」の表示「メソッド」は「GET」

ファイル「routes」に、「フォームの送受信ページ」の「アドレス」から「各「メソッド」への「ルーティング」を記述します。

「フォーム」を表示するメソッド「showForm」は、これまでと同じように、「GET要求」として記述します。

【リスト6-14】「フォーム」を表示する「メソッド」とURL

```
GET    /simpleform    controllers.SimpleFormController.showForm
```

●「フォーム・データ」の「受信「メソッド」は「POST」

一方、今回はじめて、「フォーム・データ」を受信するための「POST要求」を指定します。

この要求は、「フォームを表示したページ」から「結果を表示するページ」に送られます。

＊

「POSTS要求」の対象となる「アドレス」は、自分でブラウザのアドレス欄に入力するものではありませんが、プログラム中で「データの送信先」（エンド・ポイント）として指定されるものです。

「サーバ・プログラム」の中では同じクラスに定義した「メソッド」であっても、ブラウザからWeb「サーバ」には、「メソッド名」ではなく、「URL」を要求しなければならないからです。

＊

リスト6-15のように指定します。

【リスト6-15】フォーム・データの送信先の「メソッド」とURL

```
POST    /result     controllers.SimpleFormController.process
```

■「フォームの送受信」の「テスト」

●「フォーム表示ページ」へのリンク

テンプレート「index」に、「フォーム」を表示する**リスト6-14**への「リンク」を張っておくと便利です。

＊

図6-1に示した最初のページでは、項目数が多くなってきたので、「table」要素を用いて項目を横にも並べて、ページが長くなりすぎるのを避けています。

図6-1　サンプルが多くなってきた

●「ボタン」を押して「ページを切り替え」る

ページ「simpleform」では、「ボタン」が1個だけ表示されます。

「ボタン」を押すと、ページが切り替わって、「とりあえず」という文字が表示されます。

バージョンによっては、ページへのアクセス禁止エラーが出ることもあります。その場合は気にしないで、**6-2節**に進んでください。コードが整えられて解決します。

ページの「アドレス」が、「simpleform」から「result」になっているので、確認してください。

これが、「フォーム」による「POST送信」の「仕組み」です。

＊

図6-2　ボタンが1個だけ表示される

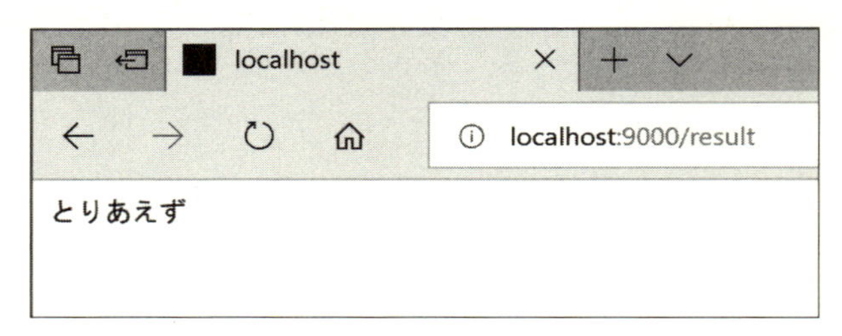

図6-3　ページが切り替わったことだけ確認

6-2 「ヘルパー」を用いたフォーム部品の記述

■「テキスト・フィールド」を1個配置

●基本的な書き方

「フォーム」に「テキスト・フィールド」を配置します。

基本的には、**リスト6-16**の通りです。

＊

「フォーム・オブジェクト」を受け取った引数「simpleform」には、「nameというパラメータ名の文字列値」という構造の情報が含まれているので、パラメータ名「name」を用います。

【リスト6-16】受け取った「フォーム・オブジェクト」の構造に基づいて、「テキスト・フィールド」を配置

```
@helper.inputText(simpleform("name"))
```

●「MessagesProvider」の暗黙のやり取り

ただし、ここからが面倒になります。

*

「Play Framework」では、「多国語」に対応するために、「テキスト・フィールド」などの「オブジェクト」を、「MessagesProvider」という「オブジェクト」に扱わせます。

「英語だけ使うから必要ない」というわけにいきません。

*

ただ、どう対応すればいいかは簡単です。

○まず、「コントローラ・クラス」(ここでは「SimpleFormController」)で「クラス名」を「宣言」している「文」に、**リスト6-17**を書き加えます。

【リスト6-17】国際化サポートつき

```
with play.api.i18n.I18nSupport
```

リスト6-17で「i18n」というのは「国際化」(internationalization)の面白い略語で、最初の「i」と最後の「n」の間に「18文字」あるところからきています。

○次に、「テンプレート」で「コントローラ」から「MessagesProvider」オブジェクトを受け取る変数を加えます。

リスト6-18の通りです。

しかし、これは暗黙にやり取りされるので、これ以上「コントローラ」にも「テンプレート」にも書き加える必要はありません。

【リスト6-18】「暗黙の変数」を受け取る

```
(implicit messagesProvider: MessagesProvider)
```

●「セキュリティ・トークン」の付加

「フォーム」の記述に、もうひとつ追加が必要です。

＊

「クロス・サイト・スクリプティング」(他のサイトのページから勝手に「サーバ」にデータを送る、不正アクセス)を防止するために、このフォームから送ったことを証明するための「ワンタイム・パスワード」を「サーバ」に送信しなければなりません。

※前節で**図6-2**のボタンを押した時に認証エラーが出たら、これが理由です。

これを、**リスト6-19**のようにフォームに付け加えます。

【リスト6-19】「クロス・サイト・スクリプティング」でないことを証明するパスワードの送信

```
@CSRF.formField
```

リスト6-19の記述も、暗黙のうちに受け取る「RequestHeader」というオブジェクトを用いるので、**リスト6-18**とカンマ区切りで列記し、**リスト6-20**のような形にします。

カンマで列記すればよく、順番は逆でもかまいません。

【リスト6-20】「リスト6-18」と「カンマ」で列記

```
(implicit messagesProvider: MessagesProvider, request:
 RequestHeader)
```

このような「ワンタイム・パスワード」は、人が自分の意志で入力するものではなく、人が正当なサイトから送信すれば機械的に付加されるので、「**トークン**」と呼ばれます。

「**一続きの文字群であっても意志を伝える『言葉』ではない**」というものに、よく使います。

6-3 「フォーム・データ」の処理

■送信データを取り出す

●「bindFromRequest」メソッド

「SimpleFormController」クラスのメソッド「process」に、フォームから送信されたデータを取り出す処理を書きます。

「フォーム・データの解析」には「bindFromRequest」という「メソッド」を用いて、さらに「get」という「フォーム」から「元のオブジェクト」を作ります。

【リスト6-21】「bindFromRequest」でフォーム・データを取り出す

```
val sentData=form.bindFromRequest.get
```

＊

いま扱っているのは「文字列」が1個なので、この「メソッド」の働きはむしろ分かりにくいかもしれません。

あとで複数のデータをフォームにして送受信するコードを書くので、そのときにもう一度解説しましょう。

いまは、得られた「sentData」が送信されてきた文字列です。

●メソッド「process」の完成

リスト6-21の処理は、受けたリクエストの処理として、メソッド「process」内の**リスト6-22**の位置に書きます。

取り出したデータは、さらにテンプレート「simpleform_result」に渡します。

これで、メソッド「process」は完成です。

【リスト6-22】メソッド「process」が完成

```
def process() =Action{
  implicit request: Request[AnyContent] =>
    val sentData=form.bindFromRequest.get
    Ok(views.html.simpleform_result(sentData))
}
```

●結果を表示するテンプレート「simpleform_result」

リスト6-22で、引数「sentData」によって文字列がテンプレートに渡されることになるので、このファイル「simpleform_result」を**リスト6-23**のように書きます。

【リスト6-23】ファイル「simpleform_result.scala.html」の全文

```
@(result: String)

<!DOCTYPE html>
<html>
  <head>
    <title>最も簡単なフォームの送信結果</title>
  </head>
  <body>
    <p>@result が送信されました</p>
    <p><a href="@routes.SimpleFormController.showForm">
フォームへ戻る</a></p>
    <p><a href="@routes.HomeController.index">目次へ戻る</
a></p>
  </body>
</html>
```

リスト6-23では、引数「result」で値を受け取ります。

それをただ表示するだけですが、その下に「フォーム」へのリンクと、「目次」へのリンクをつけました。

これで、「フォーム」に戻って入力し直すことも、「目次」に戻って他のアプリケーションを読み込むこともできます。

■ブラウザで動作確認

●フォームの表示

ブラウザで、ページ「simpleform」を読み込み直します。

＊

図6-4のように、「テキスト・フィールド」が示されます。「name」というラベルは自動でついたものです。

図6-4では、「送信フォームのテスト」という文字列を入力したところです。

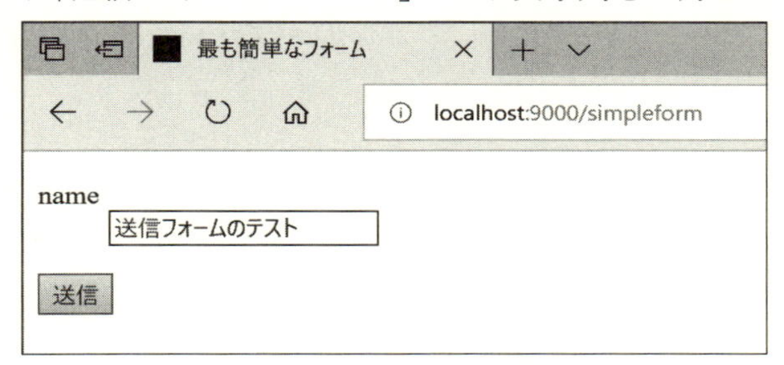

図6-4 「テキスト・フィールド」が表示される

●ボタンを押したときの動作

図6-4で「送信ボタン」を押すと、送信した文字列に半角スペースを1つ置いて「が送信されました」という内容が表示されます。

リンクを利用してフォームに戻り、ほかの値も送信してみてください。

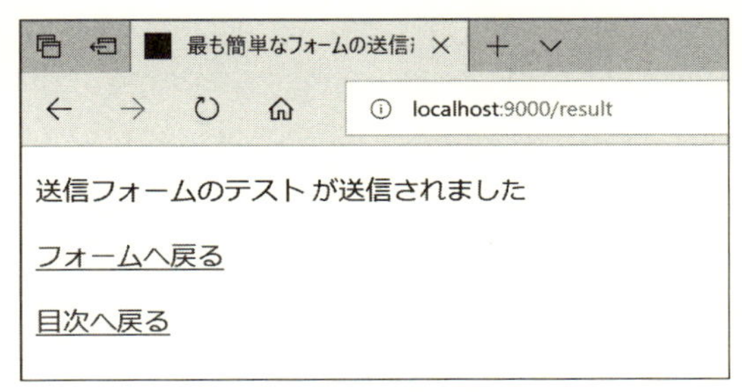

図6-5 「フォーム」から送信された「データ」を表示

これで、はじめての「フォーム」が完成です。

＊

次は、もっとフォームらしく複数のフィールドを送受信してみましょう。

6-4　複数の値を「フォーム」で送信する

■フォームのフィールドを保持する「クラス」

●ケース・クラス「Book」

多くのフォームでは、「氏名、年齢、住所」「品名、価格、個数」のように複数の関連あるデータを送信します。

そのようなデータの集まりは、「クラスのオブジェクト」として扱われるのが普通です。

「氏名、年齢、住所」はクラス「Member」のプロパティ「name, age, address」、「品名、価格、個数」はクラス「Purchase」のプロパティ「name, price, amount」のような構造です。

＊

そこで、複数のプロパティをもつクラス、「Book」を定義するファイルを作りましょう。

「models」フォルダの下に「Book.scala」を作り、**リスト6-24**のように定義します。

【リスト6-24】Book.scala

```
package models
case class Book(title:String, author:String, year:Int)
```

リスト6-24で、クラス「Book」は「ケース・クラス」です。
理由は、「ケース・クラス」は「プロパティの値が○×である(ない)場合」ということが問題になるプログラムで威力を発揮するからです。

また、表記が省略できたり、すでに定義ずみの「メソッド」があるので、記述が簡単になります。

「フォーム・データ」は「ケース・クラス」と覚えてしまいましょう。

■「ケース・クラス」のフォームを扱うコントローラ

●新しいファイル「BookFormController」

「controllers」フォルダに「BookFormController.scala」を作ります。

さっそく、「BookFormController」クラスの定義を編集していきましょう。

枠組みは、「SimpleFormController」からコピーしてください。

加えて、クラス「Book」もインポートしておきます。

【リスト6-25】クラス「BookFormController」の定義の最初の枠組み

```
package controllers

import javax.inject._
import play.api._
import play.api.mvc._
import play.api.data._
import play.api.data.Forms._
import play.api.i18n.I18nSupport
import models.Book

@Singleton
class SimpleFormController @Inject()(cc: ControllerComponents)
extends AbstractController(cc) with play.api.i18n.I18nSupport {

}
```

●「ケース・クラス」のためのフォーム

クラス「Book」の「プロパティ」に対応させる「フォーム」の「オブジェクト」は、**リスト6-26**のように書きます。

【リスト6-26】「オブジェクト」の「プロパティ」から「フォーム」を作成

```
val bookform = Form(
  mapping(
    "title" -> text,
    "author" -> text,
```

```
    "year" -> number
  )(Book.apply)(Book.unapply)
)
```

変な書き方ですね。

実は、「引数」は1つで、その「データ型」は「関数」です。

(a)「mapping」という名の関数、(b)「Book.apply」というメソッド、(c)「Book.unapply」というメソッドの複合関数です。

＊

リスト6-26の中で、関数「mapping」は、「ケース・クラス」(Book)のプロパティを扱っているのが明白です。

【リスト6-27】これは分かる

```
mapping(
  "title" -> text,
  "author" -> text,
  "year" -> number
)
```

しかし、**リスト6-28**は何を言っているのでしょうか。

【リスト6-28】これはいったい？

```
(Book.apply)(Book.unapply)
```

簡単に解説しましょう。2つとも「引数の値」です。

＊

「apply」と「unapply」の両メソッドは、「ケース・クラス」に自動で定義されるものです。

(a)「apply」はプロパティに値を指定して「Book」オブジェクトを作る「メソッド」、(b)「unapply」は逆に、特定の「Book」オブジェクトからプロパティと値の対応を「Map」(キーと値からなるデータの集合体)オブジェクトとして得る「メソッド」です。

しかし、ここで「引数」として与えているのは、「メソッド」の「戻り値」ではなく「メソッドそのもの」なので、このような形になっています。

*

3つの関数の働きをまとめましょう。

*

「mapping」関数は「フォームを扱うためのマッピング」を行ないます。

そこで、「フォームに送信した値からオブジェクトを作る(バインディング)」、および「オブジェクトから値を取り出してフォームに配置する(アンバインディング)」のための関数、または「メソッド」を引数の値として必要とするのです。

「ケース・クラス」にすれば、自分で考えなくてもすでに定義されているので、便利です。

*

一度概要が分かったら、あとは形式的に覚えてしまいましょう。

*

リスト6-29のように、「フォーム・オブジェクト」が作られると、表示させる「メソッド」は最初のフォームと変わりません。

【リスト6-29】フォームを表示する「メソッド」は、ファイル名や変数名が違うだけ

```
def showForm()= Action{ implicit request: Request[AnyContent]  =>
  Ok(views.html.bookform(bookform))
}
```

●フォームからの送信を受けとる「メソッド」

先に、送信された「フォーム・データ」を受け取る「メソッド」のほうを書きます。

名前は、引き続き「process」にします。

さて、こんどは、**リスト6-30**の処理が分かりやすいでしょう。

【リスト6-30】「メソッド」「bindFromRequest」と「get」

```
val book=bookform.bindFromRequest.get
```

「フォーム」から送られてくる内容は「HTTP」の仕様に基づいており、「メッセージ本文」でも「オブジェクト」のことなどは関知しません。

ただ、「クエリパラメータtitleの値は走れメロス、authorの値は太宰治、yearの値は1940」という「組み合わせ」だけをつなげた文字列で送ってきます。

そこから、「メソッド」「bindFromRequest」で「データのマッピング」をオブジェクトとして取り出し、さらに「get」で「Book」オブジェクトを作ります。

*

もっと詳しく説明すると、「bindFromRequest」の戻り値はただの「Map」オブジェクトではなく、「ケース・クラス」の「apply」や「unapply」の「メソッド」を備えた「フォーム・オブジェクト」です。

ですから、「get」メソッドで、「元のケース・クラスのオブジェクト」が得られるのです。

*

このようにして得られた「Book」オブジェクトの「book」を、そのままテンプレート「bookresult」に渡して処理させましょう。

メソッド「process」は、**リスト6-31**のようになります。

【リスト6-31】「Book」オブジェクトをテンプレートに渡す

```
def process() =Action{
  implicit request: Request[AnyContent] =>
  val book=bookform.bindFromRequest.get
  Ok(views.html.bookresult(book))
}
```

■テンプレート

「views」フォルダに、(a) フォームを表示するための「テンプレート・ファイル」「bookform.scala.html」) と、(b) 結果を表示する「bookresult.scala.html」を、それぞれ作ります。

●フォームを表示するテンプレート

「テンプレート・ファイル」のほうは、扱うデータが「文字列」1個から「Book」オブジェクトになったので、いろいろ変更点があります。

フォームを表示する「bookform」では、受け取る「フォーム・オブジェクト」の「型」の宣言が変わります。

最初に記述する内容は、**リスト6-31**となります。

【リスト6-32】「Book」型のデータを扱う「フォーム・オブジェクト」を受け取る

```
@(bookform: Form[Book]) .....
```

「フォーム・ヘルパー」を用いて「テキスト・フィールド」を書く方法は、同じ形でパラメータ名の違う記述を3つ並べて書きます。

なお、送信先は「BookFormControllerのメソッド「process」なので、書き換えておいてください。

【リスト6-33】基本的にはこれでよし

```
@helper.form(routes.BookFormController.process()) {
  @CSRF.formField
  @helper.inputText(bookform("title"))
  @helper.inputText(bookform("author"))
  @helper.inputText(bookform("year"))
  <button>送信</button>
}
```

●フォームを見やすくする

「フォーム」に補助的な記述を加えましょう。

＊

「テキスト・フィールド」の「長さ」と、それぞれの「ラベル」を設定します。

【リスト6-34】「テキスト・フィールド」の記述部分

```
@helper.inputText(bookform("title"), 'size->50, '_label->"題名")
@helper.inputText(bookform("author"),'size->30, '_label->"著者")
@helper.inputText(bookform("year"), 'size->20, '_label->"発表年")
```

(a)「テキスト・フィールド」に属性を記述するには、「'size」のように直前に**引用符**をつけます。

*

一方、(b)「ラベル」は「'_label」と「アンダースコア」つきで書かれています。
これは、「HTMLの書式」では「ラベル」が「テキスト・フィールド」の属性ではないからです。

「label」という独立した「タグ」です。

しかし、「テキスト・フィールド」に結びついたものですから、「アンダースコア」という特別な記述によって「helper」の「メソッド」「inputText」の引数に入れることができるようになっているのです。

●「送信結果」を表示する

「送信結果」を表示するテンプレート「bookresult」は、「BookForm Controller」の「メソッド」「process」から「Book」オブジェクトを渡されます。

そこで、「値を受け取る引数」は**リスト6-34**のように書きます。
「ファイルの最初」に書いてください。

【リスト6-35】テンプレート「bookresult」で受け取る変数の記述

```
@(result: Book)
```

この「result」を用いると、フィールド「title」「author」「year」の値は、それぞれ「result.title」「result.author」「result.year」で表わせます。
そこで、**リスト6-35**のような「文」を、「テンプレート」上で構築してみましょう。

【リスト6-36】「result」の各フィールドを得て文を構築

```
@(result.year+"年発表の"+result.author+"作「"+result.title+"」
ですね。たぶんあります")
```

■「ブラウザ」で動作確認

●ルーティング

ファイル「routes」に、「BookController」の各「メソッド」に対する「アドレス」を登録しておきます。

【リスト6-37】各「メソッド」に対するアドレス

```
GET      /bookform      controllers.BookFormController.showForm
POST     /bookresult      controllers.BookFormController.process
```

●フォームを表示するテンプレート

図6-6のように、複数の「テキスト・フィールド」を表示できます。

＊

「発表年」の「フィールド」には「数値」が用いられるので、「Numeric」（数値）という注意書きが表示されています。

これは「フォーム・ヘルパー」の仕様です。

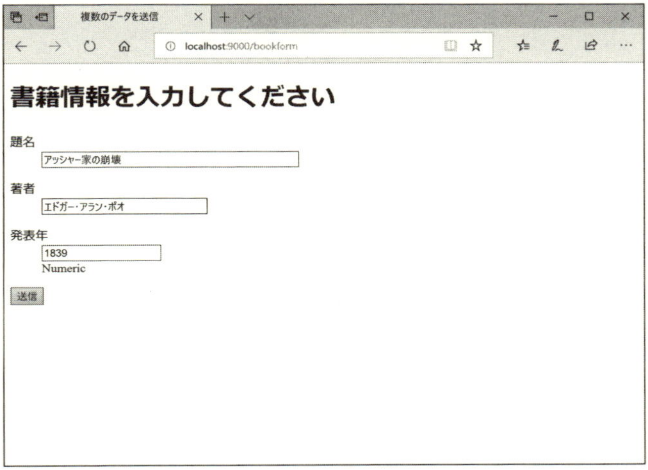

図6-6　複数の「テキスト・フィールド」

●送信結果の表示

「送信ボタン」を押すと、**図6-7**のように、「フォーム」に入力した内容が取り出され、「文」として組み立てられたことが分かります。

図6-7　「フォーム」から送信した「データ」が取り出されたことが分かる

6-5　「入力規則」を与える

■「入力規則」のあるフォーム

●前のコードと同じ内容から始める

同じ形の「送信フォーム」に「入力規則」をつけてみましょう。

Webアプリでは「バリデーション」と呼び、「検証」のような意味になります。

「Play Framework」の「Form」クラスには、簡単な「入力規則」があらかじめ備わっています。それを使ってみましょう。

*

今作った(a)**コントローラ**「BookFormController.scala」、そして(b)**テンプレート**「bookform.scala.html」と同じ内容から始めます。

両ファイルをそれぞれ複製し、「名前」を「BookValController.scala」「bookval.scala.html」に変更してください。

*

一方、規則に従った入力が得られたら、結果を表示するだけなので、テンプレート「bookresult」は同じものを用います。

●「フォーム・オブジェクト」に与える入力規則

「BookValController.scala」では、まず定義している「クラス名」を修正してください。

【リスト6-38】「ファイル名」を変えたので、「定義クラス名」も変える

```
@Singleton
class BookValController @Inject()(cc: ControllerComponents).....
```

これからが大きな変更です。

「フォーム・オブジェクト」である「bookform」の記述を、**リスト6-39**のように変更します。

【リスト6-39】「フォーム・オブジェクト」の記述を変更

```
val bookform = Form(
  mapping(
    "title" -> nonEmptyText,
    "author" -> text,
    "year" -> number(max=2018)
  )(Book.apply)(Book.unapply)
)
```

変更箇所は、3つの「プロパティ」のうち、2つの「データ型」です。

プロパティ「title」の「データ型」が「nonEmptyText」になりました。
「空(カラ)ではない」という規則を加えたのです。

もう1つ、「year」の入力できる最大値が「2018」になっています。
これは、本書執筆時が2018年だからです。

＊

以上、「入力規則」の方針は、「著者名は空白でもいいが、本の題名は入力必須。すでに出版ずみの本だから、今年の西暦年を最大とする」ということになります。

●「フォーム・オブジェクト」の入力規則を反映

まず、これだけでも(テンプレートの指定が古いファイルのままでも)変化があります。

さっそく、「ブラウザ」で確認しましょう。

＊

○ファイル「routes」に、**リスト6-40**のように、「BookValController」の2つの「メソッド」に対するアドレスを登録します。

【リスト6-40】「routes」に「メソッド」を呼び出すアドレスを追加

```
GET      /valform      controllers.BookValController.showForm
POST     /valresult      controllers.BookValController.process
```

○ブラウザで、「valform」のページを開きます。

図6-8のように、「題名」の「テキスト・フィールド」に「Required」(必須)と表示され、「発表年」のフィールドに「Maximum value(最大値): 2018」と、規則が表示されます。

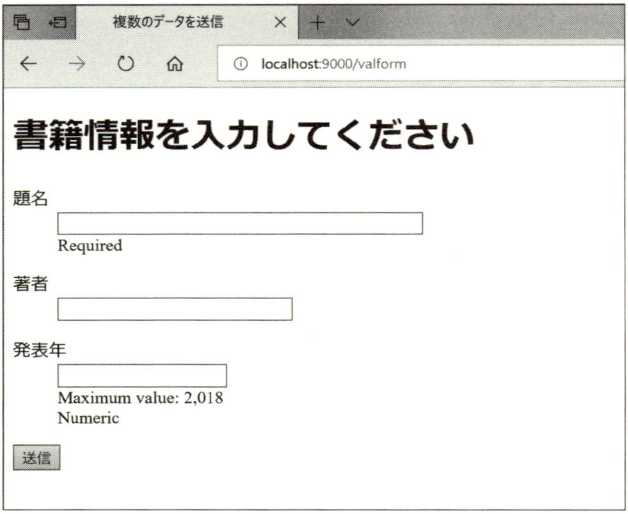

図6-8 「入力規則」が「入力欄」に表示される

しかし、「入力規則」に逆らって、あえて「送信ボタン」を押しても、いまのままではテンプレートに書いた通り、「BookFormController」の「メソッド」「process」に行くので、すんなりと送信され、「空の値」や「不正な値」を含む結果が表示されてしまいます。

「フォーム」には警告は表示できても、「入力を防止する機能」はないことが分かります。

■入力規則に従って処理

●フォームの送信先の「メソッド」で処理

「不正な入力の防止」は、「BookValController」の「メソッド」「process」で行ないます。

そのため、テンプレート「bookval」の「フォーム」の「送信先」を変更します。

「コントローラ・クラス」の名前の部分だけを、「BookForm」から「BookVal」にすれば完了です。

ここだけが、テンプレート「bookform」と「bookval」の違いです。

【リスト6-41】フォームの送信先のクラス名を変更

```
@helper.form(routes.BookValController.process()) {
```

●「fold」「メソッド」で、「失敗」と「成功時」の処理

「BookValController」の「メソッド」「process」を編集します。

*

「bindFromRequest」のあと、「get」ではなく「fold」という「メソッド」を使います。

これは、原則的に2つの「関数」を引数にとります。

「先に書く引数」がデータ取得に「失敗した場合」、「あとに書く関数」が「成功した場合」の処理です。

その他、「補助的な関数」も追加できます。

【リスト6-42】クラス「BookValController」のメソッド「process」

```
def process() =Action{
  implicit request: Request[AnyContent] =>
    bookform.bindFromRequest.fold(
    wrongData=>{
      BadRequest(views.html.bookval(wrongData))
    },
    rightObj=>{
      Ok(views.html.bookresult(rightObj))
    }
  )
}
```

リスト6-42のオブジェクト、「Action」の中身を考えましょう。

＊

大枠は、**リスト6-43**の通りです。

【リスト6-43】リスト6-38の「Action」の中身

```
Action{
  implicit request: Request[AnyContent] =>
  bookform.bindFromRequest.fold( ....)
}
```

「Action」オブジェクトに「引数」として与えられる「動作」自体は、「Webページ」への「出力」ではありません。

「送信データを評価して、応じた『処理』をする」ということです。

その「処理」が、「fold」の引数に関数として与えられ、その関数の中に「テンプレートに値を渡す」も、記述されるのです。

●送信失敗時は

リスト6-44が、「失敗した場合の関数」です。

「最初の引数は何に対しての関数」と決められているので、こちらでつける「引数名」は何でもかまいません。「分かりやすい名前」にします。

【リスト6-44】「フォーム送信失敗」の場合に呼び出される「関数」

```
wrongData=>{
  BadRequest(views.html.bookval(wrongData))
},
```

引数「wrongData」は、「失敗データ」から構成された「フォーム」が渡されると決まっています。

この「フォーム」が渡されるときには、「エラー情報」が与えられています。

*

オブジェクト「BadRequest」は、「Ok」の「エラー版」のような機能をもちます。

「BadRequest」の「引数」は、「フォーム」を「表示する」ほうの「テンプレート」で、「どの入力欄が悪かったのか」という情報をもつフォーム「wrongData」を渡します。

●「送信成功時」は

「成功した場合」は、「getメソッド」で得られた「Book」オブジェクトが、引数「correctObj」に渡されます。

この内容を、テンプレート「bookresult」に表示させる仕組みは、「入力規則」がない場合とまったく同じです。

【リスト6-45】「フォーム送信成功」の場合の関数は、「入力規則」がない場合と同じ

```
correctObj=>{
  Ok(views.html.bookresult(correctObj))
}
```

■ブラウザで動作確認

●「入力規則」に逆らってみると…

「ブラウザ」で、ページ「valform」をもう一度開きます。

*

あえて、「題名」を記入せず、「出版年」もありえない値にした状態で、「送信ボタン」を押してみます。

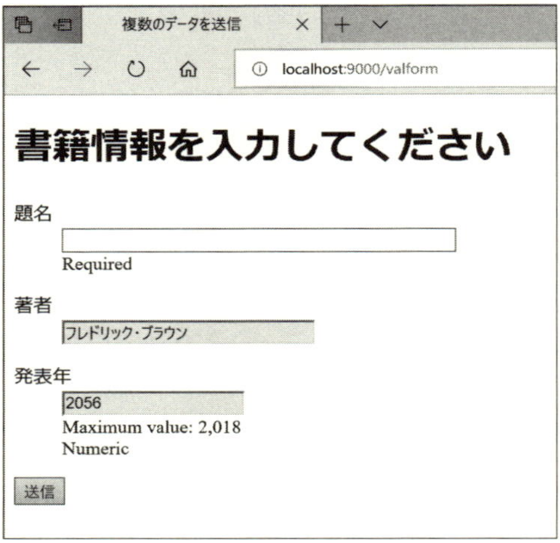

複数のデータを送信
localhost:9000/valform

書籍情報を入力してください

題名

Required

著者

フレドリック・ブラウン

発表年

2056

Maximum value: 2,018
Numeric

送信

図6-9 「入力規則」にあえて逆らってみる

すると、「元のフォーム」が、「エラー情報」がついた状態で「再表示」されます。

図6-10を見てください。

「題名」の「テキスト・フィールド」には「This field is required」(このフィールドは必須です)という記述が、「発表年」には「2,018と同じかそれより小さくなければなりません」という記述が増えています。

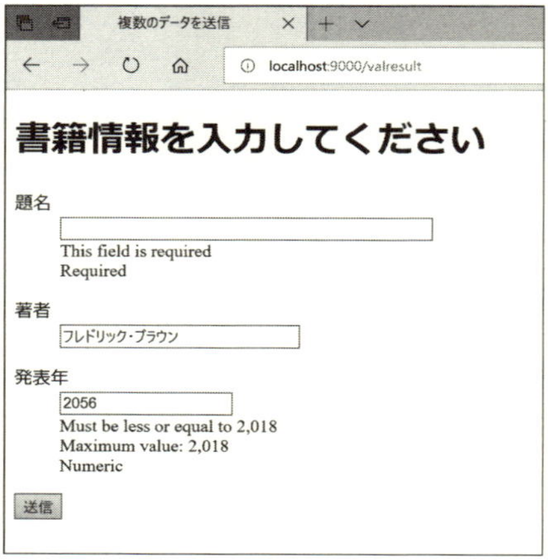

複数のデータを送信
localhost:9000/valresult

書籍情報を入力してください

題名

This field is required
Required

著者

フレドリック・ブラウン

発表年

2056

Must be less or equal to 2,018
Maximum value: 2,018
Numeric

送信

図6-10 「エラー情報」とともに「再表示」

●正しく入力して確認

そこで、**図6-10**に正しい入力をし直して、「送信ボタン」を押してみましょう。

前のフォームの結果と同じテンプレートで、正しく受け取られたデータが表示されます。

*

そこで、**図6-11**ではテンプレート「bookresult」に、「入力規則のないフォーム」と「あるフォーム」をそれぞれ呼び出すためのリンクを置きました。

ここから、いずれの「フォーム」にも戻れます。

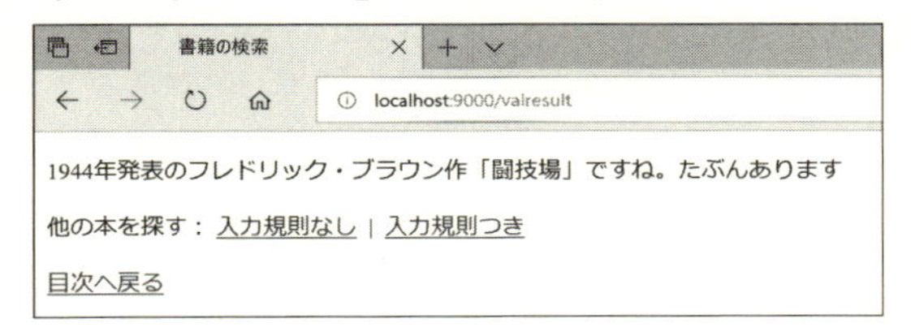

図6-11 「入力規則」の「あるフォーム」と、「ないフォーム」へのリンク

6-6 いろいろなコントロール

■「フォーム・オブジェクト」の作成

●部屋の予約をするためのクラス

いままで、フォームのコントロールとして、「テキスト・フィールド」のみを使ってきました。

最後に、ほかのコントロールを「フォーム・ヘルパー」で書き出してみましょう。

*

「ドロップダウン・リスト」「ラジオ・ボタン」「チェック・ボックス」などを使いそうな状況として、「部屋の予約」を考えます。

部屋の名前をリストから、使用目的を「ラジオ・ボタン」から、また優待会員であるかどうかを「チェック・ボックス」から選ぶことにします。

*

「models」フォルダの下に、新しく「ケース・クラス」の定義ファイル「Room.scala」を作ります。

その全文は、**リスト6-46**のようなものです。

【リスト6-46】「Room.scala」全文

```
package models
import java.util.Date

case class Room(name:String, date:Date, use:String,
member:Boolean)
```

リスト6-46では、プロパティ「date」の「データ型」として、「Java」のクラス「java.util.Date」を用いています。

「日付」を扱うには古くて扱いにくいクラスですが、「フォーム・ヘルパー」のコントロール「inputDate」が対応する「データ型」だからです。

●新しい「フォーム・オブジェクト」

「controlls」フォルダの下に、コントロール・クラス「RoomController」の「定義ファイル」を作ります。

すでに作ったファイル「BookFormController.scala」を複製して、「ファイル名」と「クラスの定義名」を変更すると、便利です。

【リスト6-47】「RoomController」クラスの定義部分

```
@Singleton
class RoomController .....
```

「コピー元のファイル」では「ケース・クラス」(Book)を用いていましたが、こちらでは「Room」を使うので、「インポート」の部分を書き換えます。

【リスト6-48】「ケース・クラス」(Room)をインポート

```
import models.Room
```

＊

リスト6-46で定義したクラス「Room」のためのフォームを、**リスト6-49**のように作ります。

この時点では、フォームの「コントローラ」は関係ありません。

＊

一方、「パラメータ」には「text」以外の「データ型」が加わりました。

【リスト6-49】「RoomController」クラスの定義部分

```
val roomform = Form(
  mapping(
    "name" -> text,
    "date" -> date("yyyy-MM-dd"),
    "use" -> text,
    "member"-> boolean
  )(Room.apply)(Room.unapply)
)
```

リスト6-49で、パラメータ「date」の「マッピング」における「型」は、「日付」を示す「date」で、「yyyy-MM-dd」という書式を設定しています。

また、パラメータ「member」の「マッピング」における「型」は、「boolean」です。

■いろいろなコントロール

●ドロップダウン・リスト

フォームを表示させる「テンプレート・ファイル」(roomform.scala.html)をフォルダ「views」の下に作ります。

「bookform.scala.html」をコピーして、内容を編集すると、便利です。

＊

「最初に受け取るフォーム」の「データ型」(クラス)を「Room」に書き換えて、「変数名」を「roomform」にします。

【リスト6-50】「roomform」テンプレートで受け取るフォーム

```
@(roomform: Form[Room])....
```

この「roomform」に対して、「フォーム・ヘルパー」でコントロールを書いていきます。

まず、パラメータ「name」に対して、「ドロップダウン・リスト」を作ります。**リスト6-51**の通りです。

【リスト6-51】「ドロップダウン・リスト」の書き方

```
@helper.select(
  roomform("name"),
  options = Seq(
    "かえで" -> "かえで",
    "あおい" -> "あおい",
    "ほたて" -> "ほたて"
  ),
  '_label -> "部屋名"
)
```

リスト6-51では、「フォーム・ヘルパー」の「select」オブジェクトを作っています。

最初の引数に、パラメータ名「roomform(“name”)」を置きます。

次の引数が、リストの選択肢です。
引数名「options」を記述して、どの引数に値を渡したか明確にしています。
値は「Seq」という、「Array」や「Map」などを広義に示す「データ型」(トレイト)です。

＊

リスト6-52に抜粋して示すように、選択肢データは「Map」の形になっています。

キーは「リストへの表示名」、値は「実際に送信する値」です。
ここでは、どちらも同じです。

【リスト6-52】「Map」の形で「リストの選択肢」を記述

```
Seq(
  "かえで" -> "かえで",
  "あおい" -> "あおい",
  "ほたて" -> "ほたて"
)
```

●日付型テキスト・フィールド

パラメータ「date」については、**リスト6-53**のように「inputDate」という「オブジェクト」で表わします。

これは、形は「テキスト・フィールド」ですが、のちに示すように、「日付」を「カレンダー」から指定できる「HTML5」の「date型フィールド」です。

【リスト6-53】「inputDate」で日付型フィールドを記述

```
@helper.inputDate(roomform("date"), '_label -> "使用日時")
```

●ラジオ・ボタン

パラメータ「use」については、**リスト6-54**のように、「inputRadioGroup」というオブジェクトで表わします。

引数「options」を与えさえすれば、個々の「ラジオ・ボタン」のタグに相当する記述は要らないので、便利です。

【リスト6-54】「inputRadioGroup」で、個々の「ラジオ・ボタン」も表示

```
@helper.inputRadioGroup(
  roomform("use"),
  options = Seq(
    "会議"->"会議",
    "研修"->"研修",
    "パーティー"->"パーティー"
  ),
  '_label -> "使用目的"
)
```

リスト6-54に示したように、「inputRadioGroup」でも「マップ」の形で選択肢を記述します。

マップの「キー」が、個々の「ラジオ・ボタン」の横に表示する「ラベル」で、「値」が、「送信される値」です。
ここでは、どちらも同じです。

「グループ全体」の「ラベル」は、「'_label」で指定します。

「HTML」で「ラジオ・ボタン」からの選択を書いたことのある人は、大変面倒な経験をしているでしょう。

「フォーム・ヘルパー」の「inputRadioGroup」を使えば、こんなに簡単に、「ドロップダウン・リスト」と共通の書き方ができるのです。

●チェック・ボックス

パラメータ「member」については、**リスト6-55**のように、「checkbox」というオブジェクトで表わします。

「チェック・ボックス」の横に表示するラベルを、「'_label」で指定します。

【リスト6-55】「checkbox」で「チェック・ボックス」を表示

```
@helper.checkbox(roomform("member"),'_label -> "優待会員")
```

●「ブラウザ」で「フォームの表示」を確認しよう

以上のようなフォームがブラウザで実際にどのように表示されるか、まずそれを見てみましょう。

「送信結果」の取り扱いは、そのあと記述します。

＊

「RoomController」クラスの「メソッド」「showForm」を**リスト6-56**のように書いて、いろいろな「コントロール」を記述した「テンプレート・ファイル」(roomform)に、「フォーム・オブジェクト」(roomform)を渡します。

【リスト6-56】「RoomController」クラスのメソッド「showForm」

```
def showForm()= Action{ implicit request: Request[AnyContent]  =>
  Ok(views.html.roomform(roomform))
}
```

*

一方、「コンパイル」でエラーを出さないように、「メソッド」「process」は適当につじつまを合わせておきます。

ちょうど、最初の「SimpleFormController」の「メソッド」「process」を適当に書いておいた**リスト6-13**が、ぴったりです。

リスト6-57のように、ファイル「routes」に、「RoomController」クラスの「showForm」と「process」を呼び出す「アドレス」を登録しておきます。

【リスト6-57】ファイル「routes」に「メソッド」を呼び出すアドレスを登録

```
GET      /roomform      controllers.RoomController.showForm
POST     /roomresult      controllers.RoomController.process
```

*

ページ「roomform」をブラウザで開いてみましょう。

図6-12のように、いろいろな「コントロール」が表示されます。

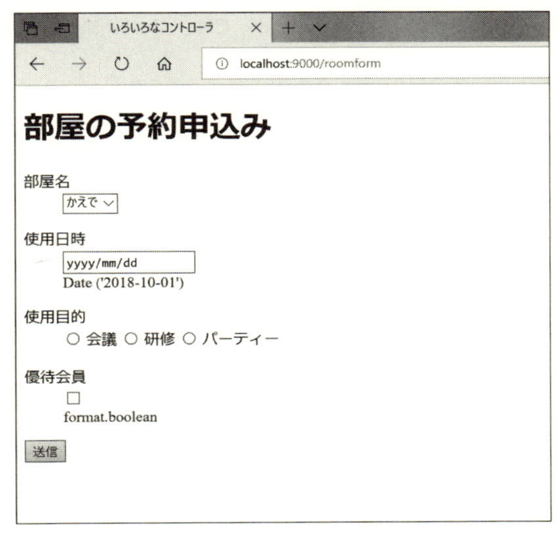

図6-12　いろいろな「コントロール」が表示された

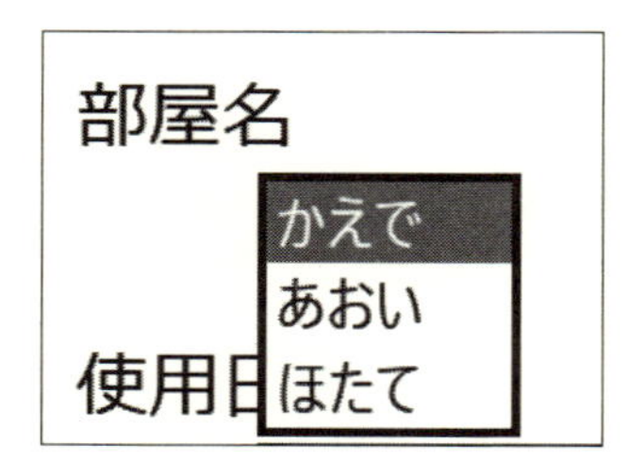

図6-13　「ドロップダウン・リスト」を展開

図6-14　「日付型テキスト・フィールド」では、「カレンダー」が展開する

●「ラジオ・ボタン」を「選択状態」にするには

ひとつ困るのが、最初に「ラジオ・ボタン」が、どれも選択されていないことです。

いまの「フォーム・ヘルパー」の状態では、これに対処するのはちょっと面倒です。

「ラジオ・ボタン」に相当するパラメータ「"use"」に、「初期値」の入った「フォーム・オブジェクト」を作らなければならないからです。

加えて、1つのパラメータにだけ初期値を入れて、他はさわらないということはできない規則です。

リスト6-58のように、他の引数は適当に与えた「フォーム・オブジェクト」を、別途作ります。

【リスト6-58】他の引数は適当に与えた「フォーム・オブジェクト」

```
 val kaigiform=roomform.fill(Room("", new java.util.
Date(),"会議", false))
```

リスト6-58の新しい「フォーム・オブジェクト」(kaigiform)は、「フォーム・オブジェクト」(roomform)に「fill」メソッドで「引数」を与えた「生成物」です。

「3番目の引数」が、パラメータ「use」の初期値に当たる「"会議"」です。

「メソッド」「showForm」では、この「kaigiform」を、「テンプレート」に渡します。

【リスト6-59】「フォーム」を表示させる「テンプレート」に、「値」の入った「オブジェクト」を渡す

```
def showForm()= Action{ implicit request: Request[AnyContent]  =>
  Ok(views.html.roomform(kaigiform))
}
```

これで、最初にページ「roomform」を開いたとき、「ラジオ・ボタン」は「会議」が選択された状態になります。

使用目的

◉ 会議 ○ 研修 ○ パーティー

図6-15　「ラジオ・ボタン」が「選択状態」になった

■「送信データ」の処理

●「処理」自体はまったく同じ

以上、「コントロール」はいろいろになりましたが、「フォーム」から「データ」の「処理」は、「テキスト・フィールド」のみのときとまったく同じです。

＊

メソッド「process」を、**リスト6-60**のように書きます。

プログラムを簡単にするため、「送信データの整合性」はチェックせず、そのまま「Room」クラスの「オブジェクト」を取得するように書いてあります。

リスト6-31と、「見た目」には「変数名」が違うだけです。
ただし、「テンプレート」に渡されているのは「Room」オブジェクトです。

【リスト6-60】フォームを表示させる

```
def process() =Action{
  implicit request: Request[AnyContent] =>
  val room=roomform.bindFromRequest.get
  Ok(views.html.roomresult(room))
}
```

●「送信結果」を表示する「テンプレート」

「送信結果」を「表示」する「テンプレート・ファイル」(roomresult.scala.html)を、フォルダ「views」の下に作ります。

「bookresult.scala.html」を複製してファイル名を変更し、中身を書き換えると、便利です。

＊

ファイルの最初に、引数「room」で「Room」オブジェクトを受け取るよう記述します。

【リスト6-61】テンプレート「roomresult」の最初の記述

```
@(result: Room)
```

この「テンプレート」も、完結した「HTML文」にします。

基本的には、リスト6-61の下に、リスト6-62を書いて、完成です。

【リスト6-62】テンプレートの本体HTML

```
<!DOCTYPE html>
<html>
  <head>
    <title>部屋の予約の確認</title>
  </head>
  <body>
    <h1>予約を確認します</h1>
    <table>
    <tr><td>部屋名：</td><td>@result.name</td></tr>
    <tr><td>使用日時：</td><td>@result.date</td></tr>
    <tr><td>使用目的：</td><td>@result.use</td></tr>
    </table>
  </body>
</html>
```

加えて、「チェック・ボックス」で取得した「優待会員か否か」のフィールド「member」を検討しましょう。

「member」の真偽によって、異なる表示をすることにします。

*

「body」要素の中の適当な場所に、リスト6-63を書きます。

【リスト6-63】フィールド「member」の真偽によって表示を変える

```
<p>
  @if(result.member){優待会員様は10%オフ！}else{この機会にご入会をお勧めします！}
</p>
```

この「ページ」から、「フォームを表示するページ」と「最初のページへのリンク」を書いておくと、便利です。

【リスト6-64】「フォームの再入力」「ほかのページへのリンク」

```
<p><a href="@routes.RoomController.showForm">再検討</p>
<p><a href="@routes.HomeController.index">目次へ戻る</a></p>
```

ページ「roomform」を開き直し、「優待会員」のチェックを、「入れたり」「入れなかったり」して、送信してみましょう。

「違うメッセージ」が表示されます。

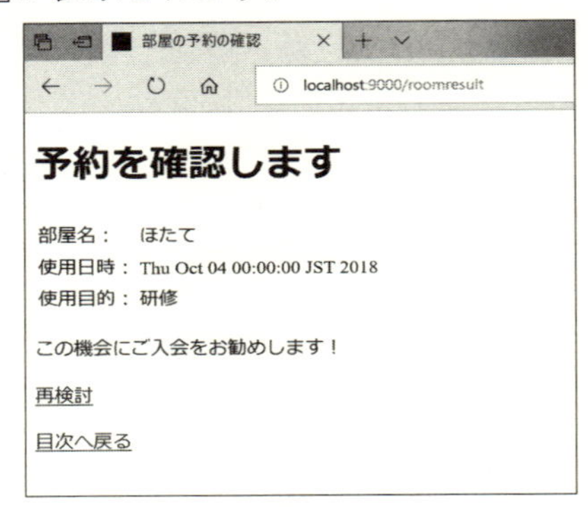

図6-16 「優待会員」でない場合

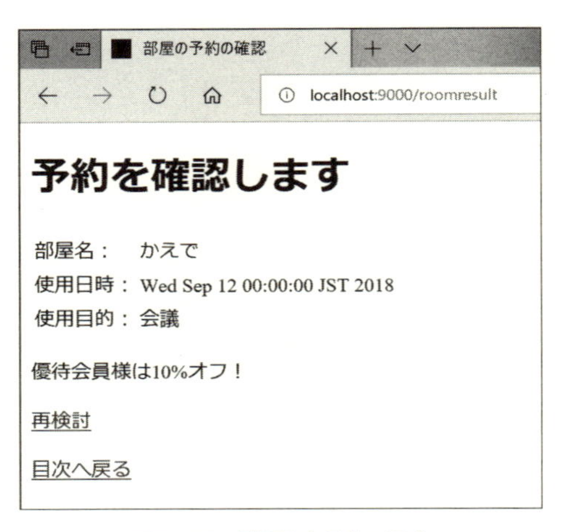

図6-17 「優待会員」の場合

*

フォームの送受信は「フォーム・オブジェクト」の考え方が難しかったと思いますが、そこさえ飲み込めば、あとは非常に簡単に処理ができます。

第7章

高度な話題

最後に、「Play Framework」の「高度な機能」の一部を紹介します。

「Play Framework」の最大のウリである「非同期」と、最近のWeb技術では避けて通れない「JSON」です。

機能が高度になるということは、「Scala」のコードも難しくなるということですが、「書き方」を覚えてしまえば「結果」が得られるのが、「フレームワーク」の良いところです。

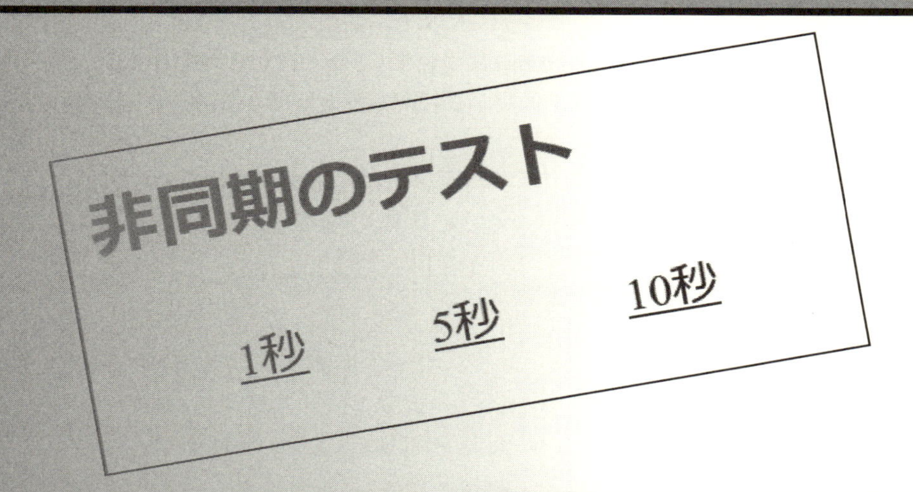

7-1 非同期

■「非同期」とは

●「Ajax」の非同期

「Ajax」という「Webアプリ」の思想が、2005年くらいに大ブームになりました。

頭文字の「A」は、「Asynchronous」(非同期)のことです。
いまは「Ajax」という用語はあまり使わなくなりましたが、その手法はむしろ定着しました。

*

「Ajax」の「j」は「JavaScript」のことであり、「「サーバ」から応答が来たら、その応答をこのように処理しなさい」という関数を属性にもつ「**要求オブジェクト**」を作り、「サーバ」に送りました。

送ってしまえば、「サーバからの応答」が遅くても、「クライアント」は、次の処理に入ることができました。

具体的には、**リスト7-1**のような書き方です。

「要求オブジェクト」(requestObj)について、「サーバからの応答」はその属性「responseText」に渡されると仮定して、関数を書いています。

【リスト7-1】「Ajax」を可能にした「クライアント側」の「JavaScript」プログラム

```
requestObj.onreadystatechange = function() {
  if (this.readyState == 4 && this.status == 200) {
    this.responseText .....  //応答が渡されていると予定して処理を
する
  }
};
requestObj.open("GET", 送信先);
requestObj.send();
```

●「Play Framework」の非同期とは

一方、「Play Framework」は「サーバ・プログラム」であり、「JavaScript」ではなく「Scala」で、最終的にJavaになります。

そこで、「Ajax」とは逆に、「クライアントから要求(リクエスト)がきたら、その要求をこのように処理しなさい」という関数を書きます。

これまで何度も書いてきた**リスト7-2**のような「メソッド」は、そういう意味で「非同期」です。

【リスト7-2】「Play Framework」の「コントローラ」の典型的なメソッド

```
def index() = Action { implicit request: Request[AnyContent] =>
  Ok(views.html.index())
}
```

この「非同期」は、「クライアントの要求がくるのが遅い」わけではありません。
逆に、「クライアント」から次々と要求がきたときの問題です。

1つの要求の処理が終わるまで、他の要求が受け付けられなければ、「クライアント」にとって不便です。

そこで、「サーバ」のほうでは、「ある要求」に対し、「このメソッドをさっさと呼び終わ」ってしまい、次の要求を受けます。

ですから、「非同期」というよりも、「処理を中断しない」(ノンブロッキング)という名前が好まれることもあります。

●「Play Framework」の「非同期の問題」とは

では、本章で解説する「Play Framework」の「非同期の問題」とは何でしょうか。

*

それは、「Play Framework」自身が「データベース」や「クレジットカード照合」など、他のサーバの「クライアント」になる場合です。

ここで時間がかかっても、「止まらずに」「次の作業命令を読み込みたい」のです。

そのためには、「まだデータが来ていないが、来ているとして変数に代入しておく」という「プレース・ホルダ」の役割をするオブジェクトを用います。
その「クラス」の「名前」は、「Future」(未来)です。

この考え方は、「Pray Framework」の「記述言語」である「Scala」で、すでに整っています。

■「非同期アプリケーション」の方針

●アプリケーションの方針

この「サンプル」では、「コントローラ」の「メソッド」の中に、「ダミー」として「時間のかかる処理」を置きます。

「その処理が終わった」ら、「テンプレートを呼び出し」「時間のかかった処理の結果」を表示させます。

●参考にする「サンプル」

現在、個人のパソコンは、ローカルで処理を行なうならば大変速く、それにあえて時間をかけさせるような処理は、勝手に作らないほうがいいと思います。
そこで、専門家の提供するライブラリのメソッドを利用しましょう。

＊

ここでは、「Play Framework」が提供しているもうひとつの「サンプル・プロジェクト」(「Play Scala Starter Example」を参考にします(p.14図1-4)。

＊

このプロジェクトにあるコントローラ・クラス「AsyncController.scala」をを確認してください。

この「サンプル」では、「Akka Toolkit」という「ライブラリ」の中で、「Play Framework」が同梱している、「scheduleOnce」という「メソッド」を用いています。

■ファイルの作成

●「コントローラ」と「テンプレート」

実際に「コード」を書く「プロジェクト」は、これまで使ってきた「play-scala-seed」を、最後まで用います。

「controllers」フォルダに、「コントローラ・クラス」の「定義ファイル」(AsyncTestController.scala)を作ります。

また、「テンプレート」は独自のものとして、「views」フォルダに、「goasync.scala.html」を作ります。

■「コントローラ・クラス」の定義

●クラス「AsyncTestController」の枠組み

サンプル「AsyncController.scala」の内容を見ながら、**リスト7-3**の枠組みを書いてください。

これが、「自ら非同期クライアントとなるコントローラ・クラス」の定義の一例です。
どんな「ライブラリ」を用いて、どの「オブジェクト」を「暗黙」や「注入」とするかで、書き方は変わってきます。

ここでは、上記の「Starter Example」に記載してあるコード例に従いました。

【リスト7-3】非同期「クライアント」でもある「コントローラ・クラス」の枠組み

```
package controllers

import javax.inject._
import play.api.mvc._

import akka.actor.ActorSystem
import scala.concurrent.ExecutionContext
```

```
@Singleton
class AsyncTestController @Inject()(cc:
 ControllerComponents, actorSystem: ActorSystem)
(implicit exec: ExecutionContext) extends
 AbstractController(cc) {

}
```

リスト7-3がこれまでと違うのは、「Akkaツールキット」の「ActorSystem」クラスと、「Scala」の非同期用クラス「ExecutionContext」を用いるところです。

＊

ごく簡単に解説しましょう。

●「Actor」(アクター)とは

「Actor」は「Scala」に標準に備わったクラスで、スレッドに似たものですが、「競合」や「デッドロック」などが起こりにくいように改良したものです。

さらに「Akka Toolkit」の「ActorSystem」は、「Scala」の「Actor」に基づいて、便利なメソッドや関数を加えたライブラリです。
「注入」の形でオブジェクト「actorSystem」として宣言されているので、このまま使えます。

●「ExecutionContext」とは

「ExecutionContext」は、「Scala」だけの機能ではありません。

スレッドを開始するためのオブジェクトですが、ただの実行命令を出すだ
けでなく、開始したスレッドの情報を保持します。

「注入」の形で、オブジェクト「exec」として宣言されています。

＊

ただし、「implicit」がついているので、「exec」オブジェクトを直接記述しなくても、「非同期」の「関数」の引数に暗黙に含まれることになります。

■時間のかかる処理

●「scheduleOnce」メソッド

「時間のかかる処理」として、**リスト7-4**のようなメソッド「scheduleOnce」を用います。

【リスト7-4】メソッド「scheduleOnce」の概要

```
actorSystem.scheduler.scheduleOnce(duration) {

}(actorSystem.dispatcher)
```

リスト7-4では、「scheduleOnce」の「引数」が別々の括弧で、3つあります。

「duration」は処理をどれだけ遅らせるか、{}は「関数」、「actorSystem.dispatcher」は「この処理を適切なスレッドに載せる働き」をする「オブジェクト」です。

*

引数「duration」には「Scala」の「FiniteDuration」という「オブジェクト」を用いますが、**リスト7-5**のように、「時間単位」を表わす「定数」とともに用います。

リスト7-5は、「5秒」の場合です。

定数「SECONDS」は、「Java」の「TimeUnit」という「クラス」に属します。
そこで、両者は「インポート」します。

【リスト7-5】引数として渡す「duration」(5秒の場合)

```
val duration = new FiniteDuration(5, TimeUnit.SECONDS)
```

【リスト7-6】リスト7-5のためのインポート

```
import Scala.concurrent.duration.FiniteDuration
import java.util.concurrent.TimeUnit
```

■処理する約束、将来得られる戻り値

●「Future」と「Promise」

以上の記述によって、**リスト7-4**は、「5秒たったら{}内の関数を実行せよ」ということになります。

そこで、**リスト7-4**の関数は、どのように書くかを解説しましょう。

＊

まず、簡単のために、この「関数」を「文字列"Hello"を戻す」とすると,「関数」は**リスト7-7**のようになります。

【リスト7-7】メソッド「scheduleOnce」の使い方の基本

```
val promise = Promise[String]()

actorSystem.scheduler.scheduleOnce(duration) {
  promise.success("Hello")
}(actorSystem.dispatcher)
```

「Promise」というオブジェクトは、「処理をする約束」を表わします。

「5秒間待つことができたら『Hello』という文字列を戻すであろう」という約束がなされています。

ということは、「Hello」という「文字列」は、まだ得られていません。
これから得られるべきものです。

そこで、「Future」という「オブジェクト」を用います。
「メソッド」が「処理する約束」なら、その「戻り値」は「将来文字列として戻されるもの」として、**リスト7-8**のように書かれます。

【リスト7-8】将来「文字列」として戻るもの

```
def inTheFutureYouShallGet(): Future[String] = {
```

この「戻り値」は、たとえば**リスト7-9**のように、「約束されたもの」として得られます。

リスト7-8のメソッド「timeEatingTask」は、「時間のかかる処理」を想定した、“架空のメソッド”です。

【リスト7-9】将来文字列として戻ると約束されたもの

```
def inTheFutureYouShallGet(): Future[String] = {
  val promise = Promise[String]()
  timeEatingTask {
    promise.success ("Hello")
  }
  promise.future
}
```

リスト7-8で、最後の「promise.future」が「戻り値」です。

「Promise」がもっている「Future」とは、「約束と言ってもいろいろあるが、何を約束してくれるのか？」の「何」にあたります。

それを取り出して示す作業が、「promise.future」です。

＊

以上、「Promise」と「Future」は、ある特定の値を将来与えるためにペアになって働くもので、処理は「Promise」で記述し、「Future」を戻り値に置くと考えると分かりやすいです。

●「5分」たったら、「そのときの時刻」を戻す

しかし、このメソッドを実行して、しばらくして文字列「Hello」などが得られたとしても、「本当にそれが5分後にスケジュールされたもの」なのか、それとも「何か他の不確定要素で遅れただけ」なのか、疑わしいですね。

そこで、得られる内容は、そのときの「時刻」としましょう。

＊

「時刻」というオブジェクトだと扱いが面倒なので、「currentTimeMillis」というメソッドを用いて、「ある「基準月日」(UTC標準時の1970年1月1日午前零時)から今まで何ミリ秒たったか」という、「Long型整数」を「戻り値」とします。

ということで、このプログラムに書く「時間のかかる処理」は、リスト7-10で完成です。

＊

「メソッド名」は、簡潔に「getYourFuture」にしました。

また、「5分」だけではつまらないので、整数型の引数「sec」を取り、「遅らせる時間」を変更できるようにしてあります。

【リスト7-10】メソッド「getYourFuture」

```
def getYourFuture(sec:Int): Future[Long] = {

  val promise: Promise[Long] = Promise[Long]()

  val duration = new FiniteDuration(sec, TimeUnit.SECONDS)

  actorSystem.scheduler.scheduleOnce(duration) {
    promise.success(System.currentTimeMillis())
  }(actorSystem.dispatcher)

  promise.future
}
```

※「System.currentTimeMillis」はJavaのメソッドで、得られるのは「long」という「プリミティブ型」(「オブジェクト」ではない値の型)です。
　しかし、「Scala」では「Javaのlong型」も「Long」という型に吸収していますから、コードが簡単になります。

■「値」が得られたら「表示」する

●「Action.async」を返すメソッド

メソッド「getYouFuture」で、「時間のかかる処理」は記述できました。

一方、「コントローラの働きをするメソッド」は、この「戻り値」を「クライアントに返す(Webブラウザに表示する)メソッド」です。

＊

これまで何度も書いてきた、「Webブラウザにアドレスを入力すると呼び出されるメソッド」です。

しかし、「時間のかかる処理を非同期で受け取る」ので、**リスト7-11**のように、「Action.async」という書き方をします。

【リスト7-11】「時間のかかる処理」を「非同期」で受け取り、「クライアント」に応答する

```
def goAsync() = Action.async{

}
```

ここで「async」があるため、続く{}の中に書かれる「関数」は、「Future[{関数}]の形になります。

「何秒遅らせるか」は、「goAsync」に引数として与えます。

しかし、**リスト7-12**のように書くわけにはいきません。

【リスト7-12】こう書くことはできない

```
def goAsync(sec:Int) = Action.async{
  implicit request: Request[AnyContent] =>
  Ok(views.html.goasync(getYourFuture(sec)))
}
```

●「将来得られる戻り値」を処理する

なぜ、**リスト7-12**のように書けないのか。

*

それは、「getYourFuture」の戻り値が「いつ得られるか分からない」からです。

*

いつ得られるか分からない「Future」オブジェクトを、さらに利用しようという場合は、**リスト7-13**のように「map」メソッドを使います。

【リスト7-13】「Future」オブジェクトを使うための、「map」メソッド

```
getYourFuture(sec).map { result => Ok(views.html.goasync
(retult)) }
```

このメソッド「map」は、「Mapオブジェクト」とは関係ないことに注意してください。

「Future map」(未来図)という言葉を聞いたことがあるでしょう。

「map」の引数である関数は、「将来、メソッドgetYourFutureの戻り値が得られた場合、それをresultとして、そのresultを使ってこんなことをしよう」という「未来図」なのです。

*

書き方が分かったところで、単純に「システム時刻」を「ミリ秒」で表わすのではなく、「ページが呼び出されて(GET要求が来て)」から、「getYourFuture」の戻り値が得られる」までの「時間差」として表示してみましょう。

*

リスト7-14のような「補助メソッド」を、別途定義しておきます。

任意の2つの「Long型」整数の「差」を求め、「文字列」として結果を出力します。

【リスト7-14】2つの「Long型」の差を求めて文字列で出力

```
def howManySeconds(futuretime:Long, now:Long):String={
  var sec = futuretime-now
  return "約"+sec+"ミリ秒間の御無沙汰でした"
}
```

*

これで、メソッド「goAsync」が完成です。

将来得られるはずの「result」を、今のシステム時刻「now」とともに、メソッド「howManySeconds」の「引数」に与えて、「結果の文字列」を得て、「テンプレート」に渡すことになります。

【リスト7-15】メソッド「goAsync」の完成

```
def goAsync(sec:Int) = Action.async {
  implicit request: Request[AnyContent] =>
  val now = System.currentTimeMillis()
```

```
  getYourFuture(sec).map { result => Ok(views.html.
goasync(howManySeconds(result, now))) }
}
```

■ブラウザに表示して動作確認

●テンプレート「goasync」の内容

テンプレート「goasync」の内容そのものはごく簡単にしますが、「viewtest_main」に「HTMLブロック」を渡します。

「viewtest_main」に、テンプレート「index」へのリンクがあるので、それを利用したいのです。

【リスト7-16】「goasync.html.「Scala」」の全文

```
@(message:String)

@viewtest_main("お待たせしました") {
  <p>@message</p>
}
```

●ルーティング

ファイル「routes」に、アドレス「goasync」とメソッド「goAsync」を登録しますが、「アドレスの数値」で、メソッドに「秒数」が「引数」として渡るようにします。

【リスト7-17】「conf/routes」にアドレスとメソッドの関係を設定

```
GET     /goasync/:sec     controllers.AsyncTestController.
goAsync(sec:Int)
```

そこで、テンプレート「index」に、代表として「1秒」「5秒」「10秒」の3パターンで遅らせるリンクを置きます。

リスト7-18では、「table」を使って各リンクを「横」に並べ、テンプレート「index」の内容が「縦長になりすぎない」ようにしています。

【リスト7-18】「最初のページ」に、「引数を入れたリンク」を置いておく

```
<h2>非同期のテスト</h2>
  <table><tr>
    <td><a href="@routes.AsyncTestController.goAsync(1)">1
秒</a></td>
    <td><a href="@routes.AsyncTestController.goAsync(5)">5
秒</a></td>
      <td><a href="@routes.AsyncTestController.
goAsync(10)">10秒</a></td>
</tr></table></p>
```

非同期のテスト

1秒　5秒　10秒

図7-1 「1秒」「5秒」「10秒」遅らせるリンク

＊

各リンクを何度か開いてみてください。

著者の環境では、そのたびに「100ミリ秒」程度の違いがありました。

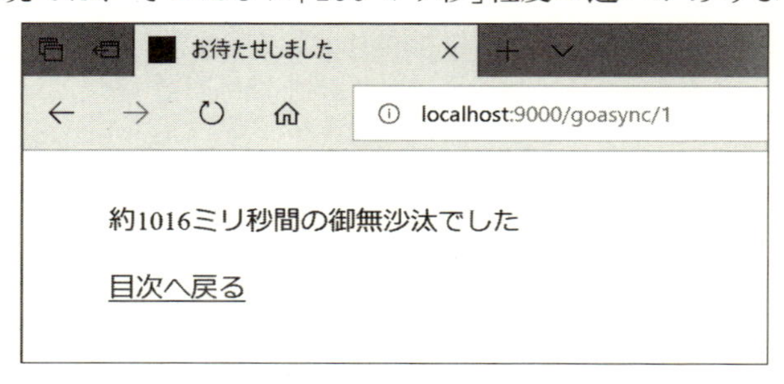

図7-2 「1秒」遅らせると、「100ミリ秒」程度のズレが生じる

「1秒」の遅れは、“ボヤッ”としていると気づかないでしょう。
しかし、「5秒」「10秒」となると、ページが開くのが明らかに遅くなります。

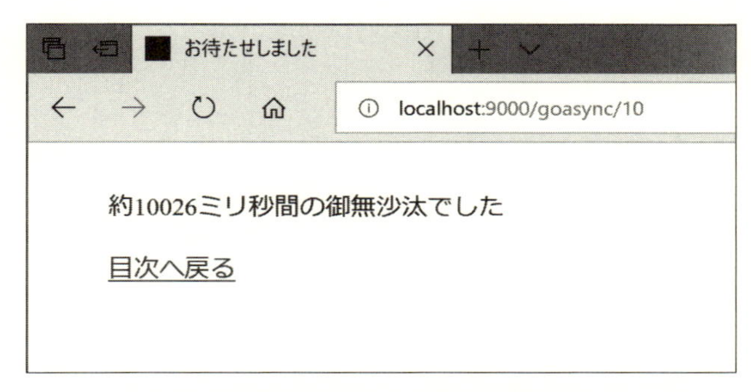

図7-3　この画面が出るまでにはさすがに時間がかかる

＊

以上、「PlayFramework自身が「非同期クライアント」になるとき」の書き方でした。

＊

この「Future」や「Promise」という考え方は、他のプログラミング言語にもあります。

7-2 「JSONデータ」の読み書き

■「JSON」とは

「JSON」とは、「JavaScript」で使われる「データの書き方」です。

(a)「Webアプリ」では標準でサポートする言語「JavaScript」で処理できることと、(b)見て分かりやすいこと、(c)「クラスとフィールド」の構造に変換しやすい――などの利点で、「JavaScript」以外の言語でもこれを取り扱う方法が備わってきています。

たとえば、**リスト7-19**のような形式です。

【リスト7-19】「JSON形式」の例

```
{
  { title: "バスカヴィル家の犬",
    author: "アーサー・コナン・ドイル",
    year: "1902"},
  { title: "大いなる眠り",
    author: "レイモンド・チャンドラー",
    year: "1939"},
  { title: "料理長が多すぎる",
    author: "レックス・スタウト",
    year: "1938"},
}
```

●必要なファイル

本節では、(a)「クラスのオブジェクトをJSON形式に書き出す方法」と、(b)「JSONで書かれた内容を元にクラスを構築する方法」を実践します。

「クラス」はすでに作成ずみの「Book」にします。

*

「必要なファイル」を作ります。

「コントローラ」は「読み」「書き」の「メソッド」を1つの「クラス」にまとめるので、定義ファイルも1つです。

*

「controllers」フォルダの下に「BookJsonController.scala」を作ってください。

「Book」クラスの「オブジェクト」と「JSON形式」、どちらをどちらに変換しても、最終的に「文字列形式」にしないと、人の目には見えません。

そこで、「テンプレート・ファイル」は、単純に「文字列」を受け取って「表示」する、「jsontest.scala.html」1つにします。

テンプレート「viewtest_main」を用いると、最低限、**リスト7-20**のように書けます。

【リスト7-20】「jsontest.scala.html」の“最低限”の内容

```
@(title:String, message:String)

@viewtest_main(title) {
  <h1>@title</h1>
    <p>@message</p>
}
```

■「BookJsonController.scala」の最初の枠組み

●「クラス宣言」と2つの「メソッド」

「BookJsonController」の最初の枠組みは、リスト7-21の通りです。

「BookFormController.scala」などから、適当に内容をコピーしてください。

【リスト7-21】「BookJsonController.scala」の最初の枠組み

```
package controllers

import javax.inject._
import play.api._
import play.api.mvc._
import models.Book
import play.api.libs.json._
import play.api.libs.functional.syntax._

@Singleton
class BookJsonController @Inject()(cc: ControllerComponents)
extends AbstractController(cc) {

  def bToJ()= Action{ implicit request: Request[AnyContent]  =>
    Ok(views.html.jsontest("BookオブジェクトをJSONに"))
  }

  def jToB()= Action{ implicit request: Request[AnyContent]  =>
    Ok(views.html.jsontest("JSONをBookオブジェクトに"))
  }
}
```

リスト7-21では、「JSON」を扱うので、**リスト7-22**に示す2つのライブラリをインポートしておきます。

【リスト7-22】JSON関係のライブラリのインポート

```
import play.api.libs.json._
import play.api.libs.functional.syntax._
```

また、**リスト7-21**では、(a)「Book」オブジェクトをJSONに書き出して表示するためのメソッド「bToJ」と、(b) その逆の、「jToB」をあらかじめ作り、どちらも結果をテンプレート「jsontest」にタイトルとともに表示するところまでは書いてあります。

■「Book」オブジェクトをJSONに書き出す

●サンプルの「Book」オブジェクト

このクラス「BookJsonController」の定義の中に、「サンプル」の「Book」オブジェクトを**リスト7-23**のように書いてみましょう。

【リスト7-23】サンプルの「Book」オブジェクト

```
val bookTest = Book("バスカヴィル家の犬", "アーサー・コナン・ドイル", 1902)
```

●オブジェクト「Writes」を作成

「データ・オブジェクト」を「JSON」に書き出す機能をもつのは、「Writes」という「オブジェクト」です。

*

「データ型」に特有の「Writes」オブジェクトを作ります。

そのとき、「writes」という「メソッド」を「実装」して、「データ型」を指定します。

【リスト7-24】「Bookオブジェクト」用の「Writes」

```
val bookWrites= new Writes[Book]{
  def writes(book:Book) = Json.obj(
    "title"->book.title,
    "author"->book.author,
    "year"->book.year
)}
```

●「Writes」の使い方

「Writes」オブジェクトは、「暗黙」の使い方をします。

リスト7-24のように、専用の「Writes」オブジェクトを決めておけば、「Book」オブジェクトを「toJson」というメソッドで呼び出すときに、暗黙に機能して「Json形式」を作ります。

「toJson」は、「Json.toJson」と書きます(「Java」の「静的メソッド」に相当します)。

【リスト7-25】「implicit」で定義しておけば、「toJson」メソッドが勝手に使う

```
implicit val bookWrites= new Writes[Book]{
  ........
}
val jsonResult = Json.toJson(book)
```

●見やすくしてくれる「prettyPrint」

リスト7-25でメソッド「Json.toJson」から得た「文字列」に、さらに「prettyPrint」という「メソッド」を用いると、適切な「スペース」や「改行」で見やすくしてくれます。

＊

以上、メソッド「writeTest」は、**リスト7-26**のようになります。

【リスト7-26】メソッド「writeTest」

```
def writeTest(book:Book):String={
  implicit val bookWrites= new Writes[Book]{
    def writes(book:Book) = Json.obj(
      "title"->book.title,
      "author"->book.author,
      "year"->book.year
    )}
  val jsonResult = Json.toJson(book)
  return Json.prettyPrint(jsonResult)
}
```

●メソッド「bToJ」の完成

そこで、**リスト7-23**に作ったデータ「bookTest」の内容を、「JSON形式」に書き出して表示するためのメソッド「bToJ」は、**リスト7-27**のようになります。

【リスト7-27】メソッド「bToJ」の完成

```
def bToJ()= Action{ implicit request: Request[AnyContent]  =>
Ok(views.html.jsontest("BookオブジェクトをJSONに",writeTest(bookTest)))
}
```

●「ブラウザ」で「動作」を確認

ファイル「routes」に、**リスト7-28**のようにメソッド「bToJ」を呼び出す「アドレス」を設定します。

この「アドレス」を、「ブラウザ」から呼び出してみましょう。

【リスト7-28】ファイル「routes」に記述するルーティング

```
GET     /booktojson     controllers.BookJsonController.bToJ
```

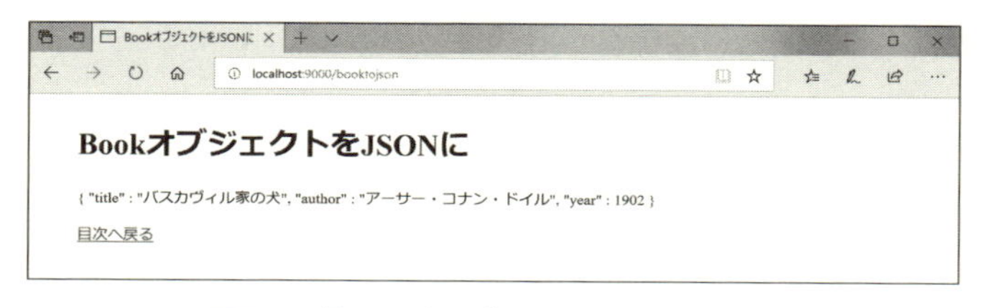

図7-4 「Book」オブジェクトをJSONに

■JSON形式の文字列を「Book」オブジェクトに

●サンプルのJSONオブジェクト

クラス「BookJsonController」の定義に、サンプルの「JSON文字列」として「jsonTest」を**リスト7-29**のように与えます。

【リスト7-29】サンプルのJSON文字列

```
val jsonTest="""{
  "title": "大いなる眠り", "author": "レイモンド・チャンドラー",
"year": 1939
}"""
```

リスト7-29で、「二重引用符」が3つ並んでいるのは、「Scala」で表現可能な「改行を含む文字列」です。

また、この「3つの引用符」の間では、単独の(並んでない)「二重引用符」が記号として生きます。

＊

「JSON文字列」から「クラス」を構築するには、まず「文字列」を「オブジェクト」に起こさなければなりません。

リスト7-30は、「parse」というメソッドで、文字列「jsonTest」をオブジェクトにしています。

【リスト7-30】JSONオブジェクトを作成

```
val jsonObj= Json.parse(jsonTest)
```

●「Reads」オブジェクトを作成

特定の「フィールド名」の値を探すため、その名前を引数にした「JsPath」という「クラス」の「オブジェクト」を作ります。

＊

たとえば、フィールド「title」については、**リスト7-31**の通りです。

【リスト7-31】フィールド「title」の値を読むための「JsPath」

```
JsPath ¥"title"
```

「Path」(パス)は「ファイル・パス」と似た考えで、「¥」がついているのも、そのような理由です。

いまは単純ですが、「JSON」の構造が「入れ子」になっていくと、このパスをたどりながら中に入っていくことになります。

*

リスト7-31の「JsPath」オブジェクトがメソッド「read」を呼んで、「Reads」という「オブジェクト」を1つ作ります。

この「オブジェクト」には、**角括弧[ ]**でデータ型を指定します。

【リスト7-32】特定のフィールドの「読み取り機」

```
val titleReads = (JsPath ¥ "title").read[String]
```

リスト7-32では、「titleReads」と変数名をつけました。

「titleReads」は、「JSON」オブジェクトから「title」という特定の「フィールド」を探して読み取るための、「読み取り機」のような「オブジェクト」です。

●JSONオブジェクトの解析

次に、ようやく「jsonObj」を用いた「解析作業」です。

*

しかし「JSON文」にない「フィールド名」を探していることがあるかもしれません。

そこで、まず「正しく読み取れるか」どうかを確かめるために、**リスト7-33**のような「バリデーション」が必要です。

このメソッド「validate」は、「値」を読み取りますが、直接「値」が得られるのではありません。

「値が得られたら成功」の情報、「得られなかったら失敗」の情報を含むオブジェクトとして保持します。

【リスト7-33】「validate」は、値を「判定情報付き」で読み取る

```
val titleResult = jsonObj.validate[String](titleReads)
```

リスト7-33は「ケース・クラス」のオブジェクトで、「読み取り結果」によって、「JsSuccess」か「JsError」のどちらかになります。

「match文」で処理します。

【リスト7-34】結果によって処理する

```
titleResult match {
  case s: JsSuccess[String] => s.getでフィールドの値を取得
  case e: JsError => 読み取れないときの処理
}
```

●「Reads」オブジェクトを結合

上記の作業をフィールドごとに1つ1つ行なうのは大変なので、各フィールドに対する「Reads」オブジェクトを結合し、一気に「バリデーション」と「クラス」の作成にもっていくことができます。

*

○まず、リスト7-35のように「and」でつなぎます。

※ なお、「and」は論理演算子ではなく、「combinator」(「結合子」とでも言うべきもの)です。

【リスト7-35】各フィールドに対する「Reads」オブジェクトを結合

```
(JsPath ¥ "title").read[String] and
(JsPath ¥ "author").read[String] and
(JsPath ¥ "year").read[Int]
```

リスト7-35で作られるのは、「ReadsBuilder」という「Reads構築オブジェクト」です。

リスト7-35に対して、1つ1つの読み取り結果を「Book」オブジェクトに当てはめるためには、このオブジェクトにリスト7-36の関数を渡します。

【リスト7-36】「Book」オブジェクトに当てはめるための関数

```
(Book.apply _)
```

リスト7-36で、記号「_」は、「すべての要素について1つ1つ」というループを表わすもの、と考えてください。

最終的にリスト7-37のように、「Reads」複合体としての「Reads」オブジェクトが作られます。

＊

以後、「このオブジェクトを使った表記」を簡単にするため、「implicit」扱いにしておきます。

【リスト7-37】複合体としての「Read」オブジェクトの完成

```
implicit val bookReads: Reads[Book]=(
  (JsPath ¥ "title").read[String] and
  (JsPath ¥ "author").read[String] and
  (JsPath ¥ "year").read[Int]
(Book.apply _)
```

●バリデートしてオブジェクト取得

リスト7-37に「validate」メソッドを呼ばせて、議論していきます。

【リスト7-38】複合オブジェクトを「validate」

```
jsonObj.validate[Book]
```

「読み取り」が成功すると、リスト7-38で「JsSuccess[Book]」オブジェクトを得ることができます。

「get」メソッドさえ呼べば「Book」オブジェクトが得られます。
安心して「フィールド」の値を取り出し、「文字列」を作ってください。

【リスト7-39】「result」の各フィールドを得て「文」を構築

```
case s: JsSuccess[book]=>{
  val result:book = s.get
```

```
  return result.year+"年発表の"+result.author+"作「"+
  result.title+"」ですね。たぶんあります"
}
```

「読み取り」が失敗したら、適切な「文字列」を返します。

【リスト7-40】「構築失敗」のメッセージ

```
case e: JsError =>{
  return "解析に失敗しました"
}
```

以上、メソッド「readTest」の完成です。

＊

「JSON文字列」を、引数「jsonStr」で与えるようにしました。
「戻り値」は**リスト7-39**または**リスト7-40**の「文字列」のどちらかです。

【リスト7-41】メソッド「readTest」の完成

```
def readTest(jsonStr:String):String={
  val jsonObj= Json.parse(jsonStr)

  implicit val bookReads: Reads[Book]=(...リスト7-37参照
  jsonObj.validate[Book] match{
    ...リスト7-39, 7-40参照
  }
}
```

●メソッド「jToB」の完成

データ「jsonTest」から、メソッド「readTest」を用いて、「Book」オブジェクトを構築できたことを確認するためのメソッド「jToB」は、**リスト7-42**のようになります。

【リスト7-42】メソッド「bToJ」の完成

```
def jToB()= Action{ implicit request: Request[AnyContent]  =>
  Ok(views.html.jsontest("JSONをBookオブジェクトに",
readTest(jsonTest)))
}
```

リスト7-42では、メソッド「bToJ」と同じテンプレート「jsontest」を用います。

タイトルの趣旨は逆方向(JSONからBookオブジェクト)になり、表示する「文字列」はメソッド「readTest」の「戻り値」です。

●ブラウザで動作を確認

ファイル「routes」に、**リスト7-43**のようにメソッド「jToB」を呼び出す「アドレス」を設定します。

この「アドレス」を呼び出してみましょう。

【リスト7-43】ファイル「routes」に記述する「ルーティング」

```
GET      /jsontobook      controllers.BookJsonController.jToB
```

表示される**図7-5**は、コードを見なければ「JSONからデータを取り出した」のと変わりませんが、「readTest」のコードを見れば、「Book」オブジェクトが作られなければ、この表示ができない、と分かります。

図7-5　JSONから「Book」オブジェクトを構築して、文字列を作成

＊

以上、高度な話題を2つ紹介しました。

どちらも難しい技術ですが、少ない言葉でも概要を説明できるほど、「Play Framework」では環境が整っていると言えるでしょう。

索　引

記号

アルファベット

《T》

《V》

《W》

50音順

《あ行》

《か行》

《さ行》

《た行》

《な行》

《は行》

《ら行》

《わ行》

■著者略歴

清水　美樹（しみず・みき）

東京都生まれ。
長年の宮城県仙台市での生活を経て、現在富山県富山市在住。
東北大学大学院工学研究科博士課程修了。
工学博士。同学研究助手を5年間務める。
当時の専門は微粒子・コロイドなどの材料・科学系で、
コンピュータやJavaは結婚退職後に、ほぼ独習。
毎日が初心者の気持ちで、執筆に励む。

【主な著書】

はじめてのJavaフレームワーク
Javaではじめる「ラムダ式」
はじめてのKotlinプログラミング
はじめてのTypeScript 2
はじめての「Ruby on Rails」5
はじめてのVisual Studio Code
はじめてのAtom エディタ
Swiftではじめる iOSアプリ開発
はじめてのiMovie［改訂版］
はじめてのサクラエディタ
…他多数　　（以上、工学社）

本書の内容に関するご質問は、
①返信用の切手を同封した手紙
②往復はがき
③ FAX (03)5269-6031
（返信先の FAX 番号を明記してください）
④ E-mail　editors@kohgakusha.co.jp
のいずれかで、工学社編集部あてにお願いします。
なお、電話によるお問い合わせはご遠慮ください。

サポートページは下記にあります。

［工学社サイト］
http://www.kohgakusha.co.jp/

I/O BOOKS

はじめての「Play Framework」

2018年10月15日　初版発行　ⓒ2018

著　者　　清水　美樹
発行人　　星　正明
発行所　　株式会社工学社
〒160-0004 東京都新宿区四谷 4-28-20 2F
電話　(03)5269-2041（代）［営業］
　　　(03)5269-6041（代）［編集］
振替口座　00150-6-22510

※定価はカバーに表示してあります。

印刷：(株)エーヴィスシステムズ　　ISBN978-4-7775-2063-3